Balakrishnan Manikiam

Zmiany klimatu - monitorowanie i zarządzanie - rola satelitów

Balakrishnan Manikiam

Zmiany klimatu - monitorowanie i zarządzanie - rola satelitów

Wydawnictwo Bezkresy Wiedzy

Imprint

Cover image: www.ingimage.com

Publisher:
Wydawnictwo Bezkresy Wiedzy
is a trademark of
International Book Market Service Ltd., member of OmniScriptum Publishing Group
17 Meldrum Street, Beau Bassin 71504, Mauritius
Printed at: see last page
ISBN: 978-620-2-44688-4

Zmiany klimatu - monitorowanie i zarządzanie - rola satelitów

Zmiany klimatu - monitorowanie i zarządzanie

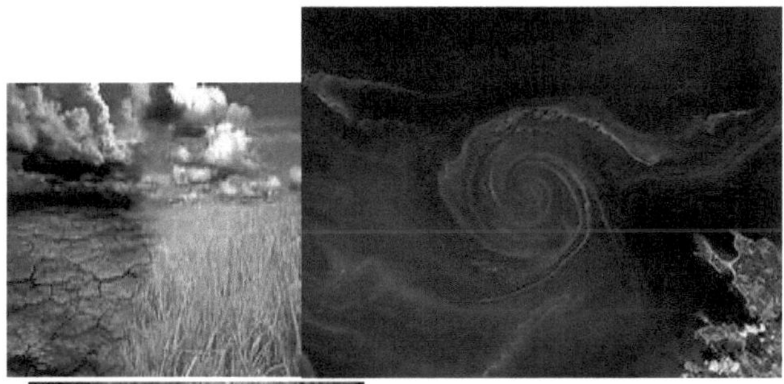

Dr. Balakrishnan Manikiam.
Profesor wizytujący
Uniwersytet w Bangalore, Indie

Sierpień 2018

Spis treści

SEKCJA A: MONITOROWANIE ZMIAN KLIMATU I ICH SKUTKI

1. Pogoda i klimat

Pogodę definiuje się jako stan atmosfery w danym czasie. Główne parametry opisujące stan atmosfery to temperatura, wilgotność, wiatr i ciśnienie. Warunki pogodowe, których doświadczamy, takie jak: zimno, wilgotno, sucho, gorąco, duszno itp. Są wynikiem tych parametrów. Na podstawie tych parametrów oraz ich rozkładu przestrzennego i czasowego, układy pogodowe tworzone są w oparciu o podstawową hydrodynamikę przepływu cieczy i termodynamikę gazów.

Atmosfera to warstwa gazów otaczających Ziemię, utrzymywana w miejscu przez siłę grawitacyjną. Atmosfera składa się z różnych gazów w następujący sposób:

Azot - 78%.
Tlen - 21%.
Argon -0,93%.
Dwutlenek węgla - 0,03%.
Neon - 0,0018%.
Hel - 0,0005%.
Ozon - 0,0006%.
Wodór - 0,00005%.

Atmosfera składa się z pięciu różnych warstw, a mianowicie :

a) Troposfera
b) Stratosfera
c) Mesosfera
d) Termosfera
e) Exosfera

Pierwsza warstwa atmosfery rozciąga się na wysokość około 8 km na równiku i 8 km na biegunach. Temperatura spada wraz z wysokością w tej warstwie z powodu zmniejszenia gęstości powietrza wraz z wysokością. Warstwa ta zawiera prawie 90% gazów w atmosferze. Ponieważ chmury powstają z pary wodnej dostępnej w tej warstwie, jest ona nazywana troposferą ("tropo" oznacza "zmianę"). Na górze znajduje się warstwa, w której temperatura utrzymuje się na stałym poziomie około -58 stopni Celsjusza, a warstwa ta nazywana jest tropopauzą.

Druga warstwa atmosfery zwana stratosferą rozciąga się od tropopauzy do około 50 km. W tej warstwie temperatura wzrasta z powodu absorpcji promieniowania ultrafioletowego przez ozon obecny w tej warstwie. Temperatura powoli wzrasta do 4 stopni Celsjusza.

Mezosfera rozciąga się ponad stratosferą do wysokości 80 km, a temperatura spada do -90 stopni Celsjusza. Następną warstwą jest Termosfera rozciągająca się do około 640 km ze stałym wzrostem temperatury w wyniku absorpcji promieniowania rentgenowskiego i ultrafioletowego promieniowania słonecznego przez cząsteczki gazu. Elektrycznie naładowane cząsteczki gazu termosfery odbijają fale radiowe, umożliwiając komunikację na duże odległości.

Ostatnia warstwa egzosfery rozciąga się poza termosferę do 960 km i stopniowo łączy się z przestrzenią międzyplanetarną. Temperatura wzrasta z około 300 stopni Celsjusza do 1650 stopni Celsjusza.

1.1 Parametry pogody i obserwacje

Parametry pogodowe są miarą warunków atmosferycznych w danym momencie. Parametrami są temperatura, wilgotność, prędkość i kierunek wiatru, ciśnienie, promieniowanie oprócz zachmurzenia i opadów deszczu. Parametry te są mierzone w regularnych odstępach czasu 00 GMT, 03 GMT, 06 GMT, 09 GMT, 12 GMT, 15 GMT, 18 GMT (GMT = IST + 0530 godzin) na całym świecie, zgodnie z decyzją Światowej Organizacji Meteorologicznej.

Stacje pogodowe zlokalizowane w różnych lokalizacjach oraz stacje automatyczne rejestrują te parametry pogodowe przy użyciu precyzyjnych czujników zakwalifikowanych przez WMO do utrzymywania standardowych zestawów danych. Balony Radiosonde służą do rejestrowania profili temperatury, wilgotności i wiatru do wysokości 30 km. Radary pogodowe pracujące w zakresie długości fali 3 cm i 10 cm są wykorzystywane do monitorowania pokrywy chmur i zawartości wody/informacji o opadach deszczu. Za pomocą dopplerowskiego radaru pogodowego mierzy się warunki wietrzności w atmosferze. Wraz z rozwojem i wystrzeliwaniem satelitów, dane dotyczące dużych obszarów są dostępne na dużych obszarach w sposób powtarzalny.

Niektóre podstawowe dane dotyczące indyjskich satelitów meteorologicznych podano w tabeli 1 poniżej.

Tabela 1: Parametry pogody dostępne z danych satelitarnych INSAT.

Satelita	Czujniki	Operacje	Parametry
. INSAT- 1	Widoczne i TIR 5 km	Ciągłe	Chmury, CMV (poziom 2), SST, QPE OLR
INSAT -2	Widoczne, TIR, WV i CCD 2 km	Ciągłe	Chmury, CMV (3 poziomy), SST , obraz WV, QPE, OLR
INSAT-3	Widoczne, TIR, WV & Sounder, CCD 1 km	Ciągłe	Chmury, obraz WV, SST, OLR, profile pionowe
METSAT	Widoczne/termiczne, para wodna 1 km	Ciągłe	Chmury, CMV, SST, opady deszczu, OLR
INSAT-3D	VHRR, Założyciel 18 kanałów 1 km	ciągły	Systemy pogodowe, cyklony, profile temp./wilgotności, SST

Innym źródłem danych pogodowych są dane ze statków meteorologicznych, które zapisują i przekazują informacje o elementach pogodowych w morzach i oceanach.

1.2 Czynniki wpływające na pogodę

O pogodzie nad danym miejscem decyduje kilka czynników, takich jak szerokość geograficzna, długość geograficzna, wysokość, topografia, bliskość oceanu itp. Wpływ różnych czynników jest taki, jak podano poniżej:

Szerokość geograficzna - temperatura spada wraz ze wzrostem szerokości geograficznej, a miejsca na niskich szerokościach geograficznych mają wyższe temperatury, ponieważ otrzymują pionowe promienie słoneczne prowadzące do większego nasłonecznienia.

Efekt Oceanów **-** szybsze ogrzewanie i chłodzenie Ziemi w porównaniu z Oceanami prowadzi do napływu wiatrów do i z powrotem do tej ziemi poprzez złagodzenie warunków letnich i zimowych. Taki umiarkowany wpływ nazywany jest wpływem morskim i ogranicza się do obszarów przybrzeżnych. Roczny zakres temperatur w regionach przybrzeżnych jest zatem mniejszy niż w regionach śródlądowych.

Wysokość nad poziomem morza - Atmosfera jest ogrzewana głównie przez długie promieniowanie falowe (energia cieplna) z powierzchni ziemi, w związku z czym na wyższych wysokościach panuje chłodniejsza temperatura powietrza. Tempo spadku temperatury wraz z wysokością wynosi około 6,5°C na kilometr.

Efekt kontynentalny - Regiony śródlądowe, w których na lądzie panują cieplejsze lata i chłodniejsze zimy niż w regionach nadbrzeżnych.

Osłona chmur - efekt koca chmur powoduje, że temperatura w ciągu dnia i w ciągu roku jest niewielka. Chmury utrudniają dotarcie promieniowania słonecznego do powierzchni Ziemi. Gęste zachmurzenie w regionach równikowych/tropikalnych powoduje obniżenie temperatury w ciągu dnia i umiarkowane temperatury w nocy. Brak chmur w regionach pustynnych, takich jak Sahara, prowadzi do wysokich temperatur w ciągu dnia i niższej temperatury w nocy z powodu chłodzenia radiacyjnego.

1.3 Klasyfikacja klimatu

Klimat regionu to średni wpływ pogody w różnych porach roku. Różne kraje i regiony doświadczają różnych warunków klimatycznych i takich samych jak te, które zostały sklasyfikowane w **systemie klasyfikacji klimatycznej Köppen.** Średnie roczne i miesięczne temperatury i opadów atmosferycznych są stosowane w kategoriach klimatycznych na całym świecie. Istnieje pięć głównych typów klimatycznych z oznaczoną wielką literą w następujący sposób:

A - Klimat tropikalny wilgotny: wszystkie miesiące charakteryzują się średnią temperaturą powyżej 18° Celsjusza.
B - Klimat suchy: z niedoborem opadów przez większą część roku.
C - Wilgotny klimat na średniej szerokości geograficznej z łagodną zimą.
D - Wilgotny klimat na średniej szerokości geograficznej z zimną zimą.
E - Klimat polarny: z wyjątkowo mroźną zimą i latem.

Klimat tropikalny wilgotny (A)

Klimat tropikalny wilgotny rozciąga się na północ i południe od równika do około 15-25° szerokości geograficznej. W tych warunkach klimatycznych wszystkie miesiące mają średnią temperaturę wyższą niż 18° Celsjusza. **Opady** roczne są większe niż 1500 mm. Wiele krajów w regionach równikowych doświadcza tego systemu klimatycznego.

Klimat suchy (B)

Najbardziej oczywistą cechą klimatyczną tego klimatu jest to, że potencjalne odparowanie i transpiracja przewyższają opady atmosferyczne. Klimat ten rozciąga się od 20 - 35° na północ i południe od równika oraz w dużych regionach kontynentalnych o średniej długości geograficznej, często otoczonych górami.

Wilgotność Subtropikalny klimat umiarkowany (C)

Klimat ten jest reprezentowany przez ciepłe i wilgotne lata z łagodnymi zimami. Region od 30 do 50° szerokości geograficznej, głównie na wschodnich i zachodnich granicach większości kontynentów. W okresie zimowym, głównym systemem pogodowym, który występuje, jest **cyklon o średniej szerokości geograficznej**.

Wilgotność Kontynentalny klimat na średniej szerokości geograficznej (D)

Wilgotny klimat kontynentalny na średniej szerokości geograficznej ma ciepłe do chłodnych lato i mroźne zimy. Położenie tych klimatów znajduje się w rejonie okręgu biegunowego, gdzie średnia temperatura najcieplejszego miesiąca jest wyższa niż 10° Celsjusza, podczas gdy najzimniejszy miesiąc jest niższy niż -3° Celsjusza. Zimy są dotknięte przez burze śnieżne, silne wiatry i gorzkie zimne powietrze z regionów polarnych kontynentalnych.

Klimaty polarne (E)

Klimat polarny charakteryzuje się całorocznymi niskimi temperaturami, przy czym najcieplejszy miesiąc jest krótszy niż 10° Celsjusza. Klimat polarny występuje na północnych obszarach przybrzeżnych Ameryki Północnej, Europy, Azji oraz na terenach lądowych Grenlandii i Antarktyki.

2. Indyjski system klimatyczny

Klimat indyjski jest zazwyczaj klimatem tropikalnym, wilgotnym i suchym, z wyraźnymi okresami wilgotności/suchości. Sezonowy wzorzec wilgotności wynika z migracji strefy konwergencji międzywrotnikowej przez równik. Pora deszczowa występuje przy wysokim nasłonecznieniu z obecnością strefy konwergencji. Sezon suchy jest wynikiem bardziej stabilnego powietrza z opadania z subtropikalnej strefy wysokiej w okresie niskiego nasłonecznienia. Pora deszczowa naznaczona jest częstymi burzami z piorunami i monsunowym rozwojem oraz orograficznym uniesieniem.

Poniżej przedstawiono kilka przykładów (rys. 1 i 2) klimatu nad regionem Indii.

Kalkuta, Indie 22,5° N , Elevation: 6 m

	Jan.	Feb.	Mar.	Apr.	Maj	czerwiec	lipiec	Aug.	Wrzesień.	Okt.	Nov.	Dec.	Rok
Temp. ° C	20	23	28	30	31	30	29	29	30	28	24	21	27
Precip. Mm	13	24	27	43	121	259	301	306	290	160	35	3	1582

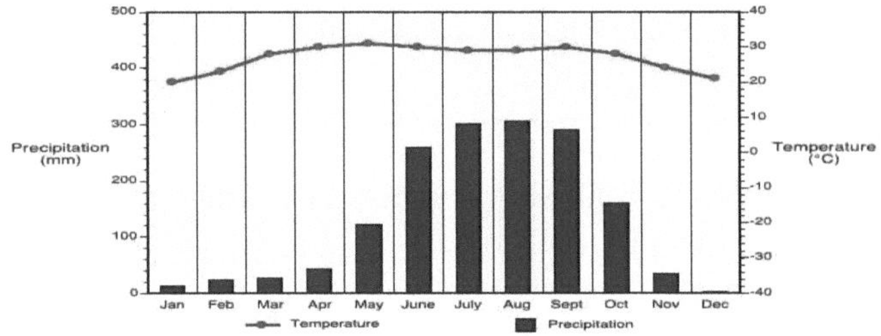

Rysunek 1: Średnia miesięczna temperatura i wartości opadów dla Kalkuty, Indie.

Mangalore, Indie 13° N, wysokość: 22 m.

	Jan.	Feb.	Mar.	Apr.	Maj	czerwiec	lipiec	Aug.	Wrzesień.	Okt.	Nov.	Dec.	Rok
Temp. ° C	27	27	28	29	29	27	26	26	26	27	27	27	27
Precip. Mm	5	2	9	40	233	982	1059	577	267	206	71	18	3467

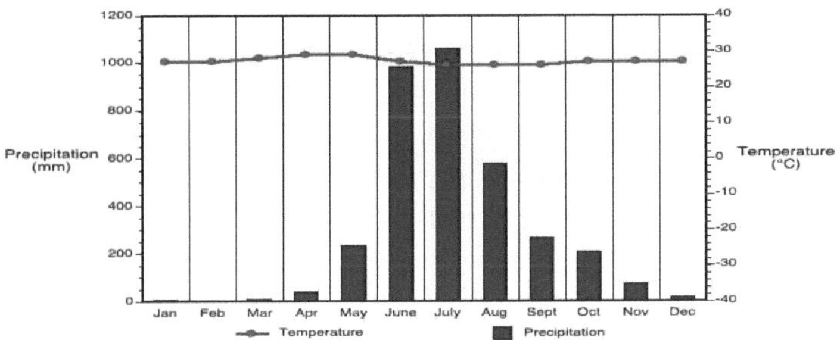

Rysunek 2: Średnia miesięczna temperatura i wartości opadów dla Mangalore, Indie.

2.1 Czynniki wpływające na klimat Indii:

1. **Wysokość**: Temperatura spada wraz z wysokością. Miejsca w górach są chłodniejsze niż miejsca na równinach.
2. **Odległość od morza**: Z długą linią brzegową, duże obszary przybrzeżne mają równy klimat. Obszary we wnętrzu Indii są daleko od moderującego wpływu morza i doświadczają ekstremalnych zjawisk klimatycznych.
3. **Szerokość geograficzna**: Indie leżą między 8 ^{0} N a 37 ^{0} N szerokości geograficznych. Tropik raka przechodzi przez środek Indii, dzięki czemu południowa połowa Indii znajduje się w Strefie Torrid, a północna połowa w Strefie Temperatury.
4. **Góry Himalajskie**: Himalaje odgrywają ważną rolę w działaniu jako bariera przed zimnymi wiatrami północnej Azji przed wwiewaniem do Indii, chroniąc je w ten sposób przed bardzo mroźnymi zimami. Zatrzymuje również wiatry monsunowe, zmuszając je do odprowadzania wilgoci w obrębie subkontynentu.

5. **Skutki geograficzne** :

i. Western Disturbances: Systemy niskociśnieniowe pochodzące z regionu śródziemnomorskiego na wschodzie w zimie i przesuwają się na wschód w kierunku Indii przechodząc przez Iran, Afganistan i Pakistan są odpowiedzialne za zimowe deszcze w północnych Indiach.

ii. Warunki w regionach otaczających Indie: Temperatura i warunki ciśnieniowe w otaczających obszarach lądowych prowadzą do monsunowego przepływu i sporadycznych suchych zaklęć.

iii. Warunki nad oceanem: Warunki pogodowe nad Oceanem Indyjskim i Morzem Chińskim są odpowiedzialne za systemy cykloniczne wpływające na wschodnie wybrzeże Indii.

iv. Jet Streams: Osobliwością jest strumień wielkanocny w sezonie monsunowym nad południowym półwyspem i zachodni strumień strumieni zachodni na północnych szerokościach geograficznych w sezonie zimowym.

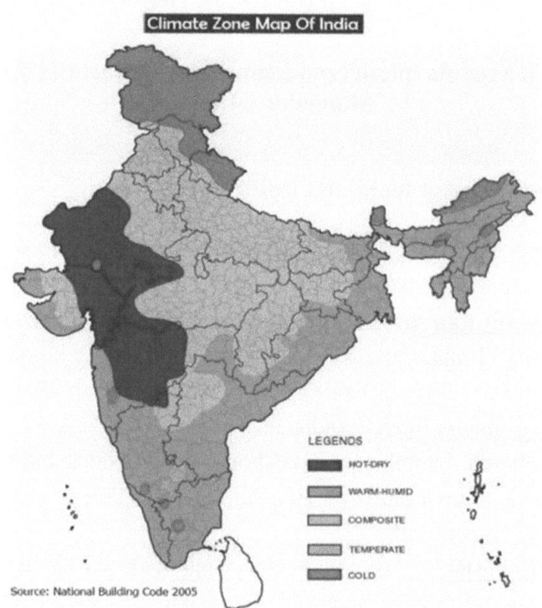

Rys. 3 : Strefa klimatyczna Mapa Indii

Główne regiony klimatyczne Indii przedstawiono poniżej:

I. Tropikalny las deszczowy, który występuje na zachodnim wybrzeżu równiny i w Sahyadris oraz w częściach Assam. Gęste, leśne i plantacyjne rolnictwo z uprawami takimi jak herbata, kawa i przyprawy są cechami charakterystycznymi dla roślinności tego obszaru.
II. Tropikalna sawanna na większości półwyspu o długiej, suchej pogodzie trwającej przez zimę i wczesne lato z wysoką temperaturą.
III. Tropikalny klimat półrydowy stepowy z regionem cienia deszczowego biegnącym na południe od centralnej Maharashtry do Tamil Nadu.
IV. Step tropikalny i subtropikalny z rocznymi opadami deszczu jest nie tylko niski, ale również bardzo nierównomierny, pokrywający części Punjabu do Kachchh.
V. Pustynia tropikalna obejmująca zachodnią część dzielnic Barmer, Jaisalmer i Bikaner w Radżastanie oraz większą część Kaczczu.
VI. Humid Sub-Tropical Zimą obejmujący obszar na południe od Himalajów, na wschód od stepów tropikalnych i subtropikalnych oraz na północ od biegnącej tropikalnej sawanny.
VII. Klimat górski nad pasmami Himalajów i Karakoram o wysokim dobowym zakresie temperatur i zmienności opadów.

Rys. 4 : Temperatura roczna - Indie

(Przyjęte z: Mapy Indii.com)

2.2 Sezon monsunowy

Klimat Indii można opisać jako tropikalny monsun. Ten sezon zaczyna się w czerwcu i trwa do września. Niskie ciśnienie, które istniało nad Równiną Północną, jest jeszcze większe. Jest wystarczająco silny, aby przyciągnąć wiatry niosące wilgoć z Oceanu Indyjskiego. Najbardziej charakterystyczną cechą monsunu jest całkowite odwrócenie kierunku wiatru. Opady deszczu są ważnym elementem indyjskiej gospodarki. Mimo, że monsun wywiera wpływ na większą część Indii, ilość opadów waha się od ciężkich do skąpych na różnych częściach. Występuje duże zróżnicowanie regionalne i czasowe rozkładu opadów. Ponad

80% rocznych opadów deszczu otrzymuje się w czterech deszczowych miesiącach od czerwca do września. Średnie roczne opady deszczu wynoszą około 125 cm, ale mają duże zróżnicowanie przestrzenne.

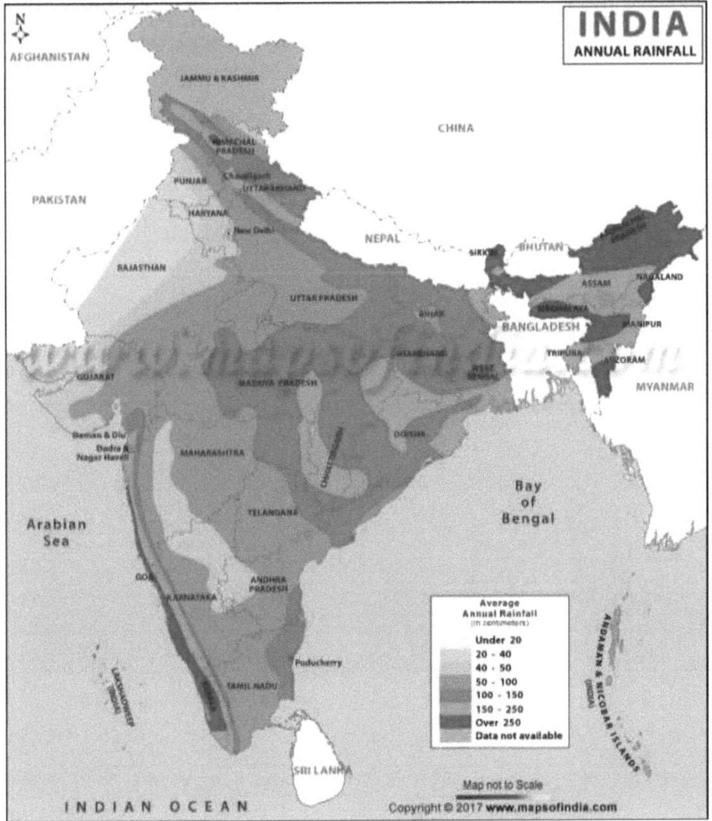

Rys. 5: Roczne opady deszczu nad Indiami (**Przyjęte z: Mapy Indii.com**)

a. Obszary obfitych opadów deszczu (ponad 200 cm): Największe opady występują przy kosztach zachodnich, na zachodnich Ghats, jak również na obszarach subhimalajskich na północnym wschodzie i na wzgórzach Meghalaya. Assam, Zachodni Bengal, Zachodnie Wybrzeże i południowe stoki wschodnich Himalajów.
b. Obszary umiarkowanie obfitych opadów deszczu (100-200 cm): Opady te występują w południowych częściach Gujarat, East Tamil Nadu, North East Peninsular, Western Ghats, East Maharashtra, Madhya Pradesh, Orissa, w środkowej dolinie Ganga.

c. Obszary o mniejszych opadach deszczu (50-100 cm): dolina Górnej Gangi, wschodni Rajasthan, Pendżab, południowy płaskowyż Karnataka, Andhra Pradesh i Tamil Nadu.

d. Obszary o niewielkich opadach deszczu (poniżej 50 cm): północna część Kaszmiru, zachodni Radżastan, Pendżab i płaskowyż Deccan.

2.3 Zmienność opadów deszczu nad Indiami

Duża zmienność ilości opadów zarówno przestrzennie, jak i czasowo oraz wysoki stopień niepewności związany z datą przyjazdu itp. są niewyjaśnione. Meteorolodzy starają się wyjaśnić te zjawiska z różnych punktów widzenia związanych z szeroką gamą uogólnień. Roczna zmienność opadów monsunów przedstawia poniższa tabela.

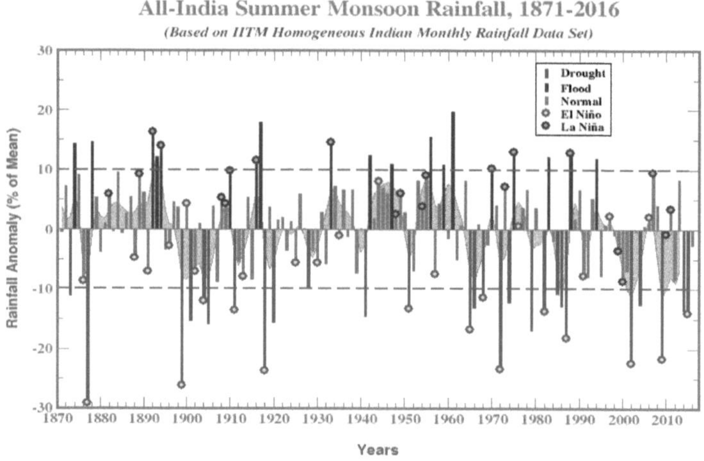

Rys. 6: Zmienność monsunowa ***(przyjęta z raportu monsunowego, IITM, czerwiec 2016 r.)***

Istnieje kilka czynników związanych z monsunowymi opadami deszczu, które nadal nie są rozumiane, takich jak (i) niezwykłe ochłodzenie temperatury powierzchni nad Morzem Arabskim aż o 3-4 stopnie przed początkiem monsunu, (ii) spadek ciśnienia atmosferycznego nad Oceanem Indyjskim przed ustawieniem monsunu oraz (iii) wpływ El Nino i La Nina na monsunowe opady deszczu.

3. Zmiany klimatu - podstawy

Ramowa konwencja Narodów Zjednoczonych w sprawie zmian klimatu (UNFCCC) definiuje zmiany klimatu jako zmianę parametrów pogodowych przypisywanych bezpośrednio lub pośrednio działalności człowieka, zmieniających skład globalnej atmosfery. Działalność człowieka obejmuje zanieczyszczenia pochodzące z działalności przemysłowej i innych źródeł wytwarzających gazy cieplarniane. Gazy te, takie jak dwutlenek węgla, mają zdolność pochłaniania spektrum światła podczerwonego i przyczyniają się do ocieplenia naszej atmosfery. Po wyprodukowaniu, gazy te mogą pozostać uwięzione w atmosferze przez dziesiątki lub setki lat.

3.1 Przyczyny zmian klimatycznych

a) Warianty orbitalne

Niewielkie wahania orbity Ziemi prowadzą do zmian w sezonowym rozmieszczeniu światła słonecznego docierającego do powierzchni Ziemi i jego rozmieszczeniu na całym świecie. Średnie roczne nasłonecznienie uśrednione w skali roku niewiele się zmienia, ale mogą wystąpić silne zmiany w rozmieszczeniu geograficznym i sezonowym. Trzy rodzaje zmian orbitalnych to zmiany mimośrodowości Ziemi, zmiany kąta nachylenia osi obrotu Ziemi oraz precesja osi Ziemi. Łącznie dają one cykle Milankovitcha, które mają duży wpływ na klimat i są godne uwagi ze względu na ich korelację z okresami polodowcowymi i międzylodowcowymi, ich korelację z postępem i cofnięciem się Sahary oraz ich pojawienie się w zapisie stratygraficznym.

b) **Produkcja energii słonecznej**

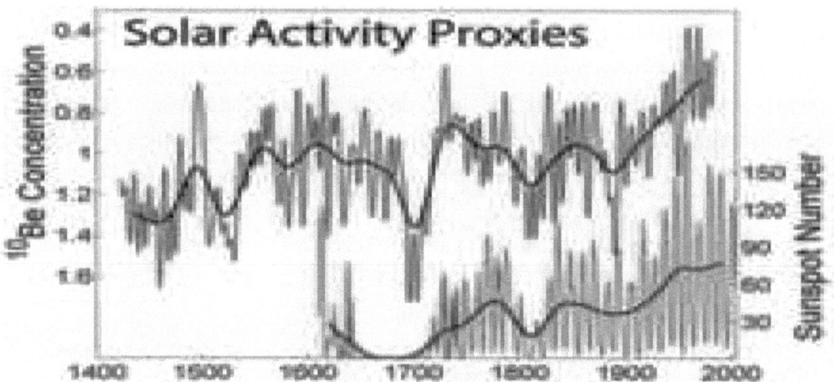

Rys. 7: Różnice w aktywności słonecznej na podstawie obserwacji plam słonecznych i izotopów berylu.

Słońce jest dominującym źródłem energii dostarczanej na Ziemię. Inne źródła to energia geotermalna z rdzenia Ziemi, energia pływów morskich z Księżyca oraz ciepło z rozpadu związków radioaktywnych. Wiadomo, że zarówno długo-, jak i krótkoterminowe zmiany w intensywności nasłonecznienia wpływają na klimat na świecie. Badania wskazują, że zmienność słoneczna miała wpływ, w tym Maunder minimum od 1645 do 1715 r. n.e. , część Małej Epoki Lodowej od 1550 do 1850 r. n.e., która została oznaczona względnym ochłodzeniem i większym zasięgiem lodowca niż w poprzednich i następnych stuleciach Niektóre badania wskazują na wzrost promieniowania słonecznego z cyklicznej aktywności plam słonecznych wpływającej na globalne ocieplenie, a na klimat może mieć wpływ suma wszystkich skutków (zmienność słoneczna, antropogeniczne promieniujące odkuwki itp.)

Moc słoneczna zmienia się również w krótszych przedziałach czasowych, w tym 11-letni cykl słoneczny i modulacje długoterminowe. Wahania intensywności nasłonecznienia, które mogą wynikać z występowania Wilka, Spörera i Maunder Minimum, uważane są za mające wpływ na wywołanie Małej Epoki Lodowcowej oraz częściowe ocieplenie obserwowane w latach 1900-1950. Cykliczna natura energii wytwarzanej przez Słońce nie jest jeszcze w pełni zrozumiała; różni się ona od bardzo powolnych zmian, które zachodzą w Słońcu w miarę jego starzenia się i ewolucji.

c) Wulkanizm

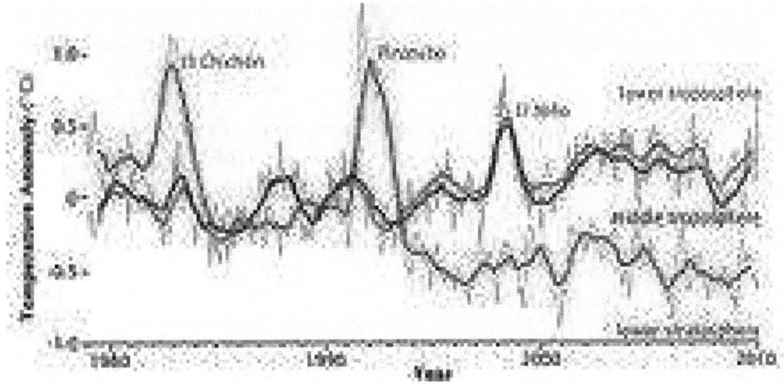

Zmiany temperatury atmosferycznej w latach 1979-2010 w wyniku działania aerozoli uwalnianych przez duże erupcje wulkaniczne pojawiają się w wyniku zmian temperatury powietrza w latach 1979-2010.

Erupcje uważane za wystarczająco duże, aby wpłynąć na klimat Ziemi w skali ponad 1 roku, to te, które wstrzykują ponad 100 000 ton SO2 do stratosfery[Wynika to] z właściwości optycznych SO2 i aerozoli siarczanowych, które silnie pochłaniają lub rozpraszają promieniowanie słoneczne, tworząc globalną warstwę zamglenia kwasem siarkowym. Przeciętnie takie erupcje zdarzają się kilka razy na sto lat i powodują ochłodzenie (poprzez częściowe zablokowanie transmisji promieniowania słonecznego na powierzchnię Ziemi) przez okres kilku lat. Na przykład erupcja Mount Pinatubo w 1991 r., druga największa erupcja lądowa XX wieku, miała znaczny wpływ na klimat, a następnie temperatury na świecie spadły o około 0,5 °C (0,9 °F) przez okres do trzech lat.

d) Tektonika płytowa

W ciągu milionów lat ruch płyt tektonicznych zmienia konfigurację globalnych obszarów lądowych i oceanicznych oraz generuje topografię. Może to mieć wpływ zarówno na globalne i lokalne wzorce klimatyczne, jak i cyrkulację powietrzno-oceaniczną. Ważna jest również wielkość kontynentów. Ze względu na stabilizujący wpływ oceanów na temperaturę, roczne wahania temperatury na obszarach przybrzeżnych są zazwyczaj niższe niż w głębi lądu. Większy superkontynent będzie zatem miał więcej obszarów, w których klimat jest silnie sezonowy niż kilka mniejszych kontynentów lub wysp. Położenie kontynentów określa geometrię oceanów i w związku z tym wpływa na wzorce cyrkulacji oceanicznej. W okresie karbonu, około 300 do 360 milionów lat temu, tektonika płytowa mogła spowodować magazynowanie węgla na dużą skalę i zwiększone zlodowacenie.

e) Wpływy ludzkie

Kilka czynników, które przyczyniają się do wpływu zmian klimatycznych to -

- Wzrost emisji do atmosfery w wyniku spalania węgla, ropy naftowej i gazu powoduje wytwarzanie dwutlenku węgla i podtlenku azotu.
- Wycinanie drzew w lasach prowadzące do wylesiania. Drzewa pomagają regulować klimat, pochłaniając CO_2 z atmosfery. Więc kiedy są one wycinane, ten korzystny efekt zostaje utracony, a węgiel zgromadzony w drzewach zostaje uwolniony do atmosfery, przyczyniając się do efektu cieplarnianego.
- **Zwiększenie hodowli** krów i owiec, które produkują duże ilości metanu, kiedy trawią swoje pożywienie.
- **Nawozy zawierające azot** powodują emisję podtlenku azotu do atmosfery.
- **Fluorowane gazy** wywołują bardzo silny efekt cieplarniany, nawet 23 000 razy większy niż CO_2. Na szczęście są one uwalniane w mniejszych ilościach i są stopniowo ograniczane na mocy rozporządzenia UE.

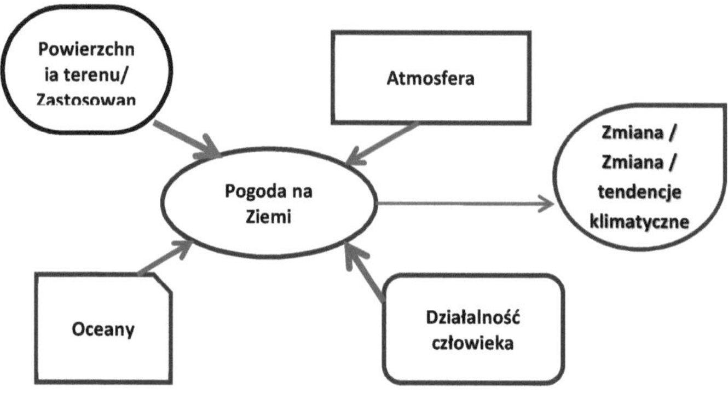

Rys. 7 : Składniki zmian klimatycznych

Rola gazów cieplarnianych w atmosferze jest letnia w następujący sposób:

Dwutlenek węgla

Spalanie paliw kopalnych (ropy naftowej, gazu ziemnego i węgla), odpadów stałych i drzew powoduje dużą emisję dwutlenku węgla do atmosfery. Wylesianie i degradacja gleby powoduje również dodanie dwutlenku węgla do atmosfery. Część węgla pozostaje w atmosferze przez tysiące lat z powodu powolnego procesu, w wyniku którego węgiel jest przenoszony do osadów oceanicznych. Działalność człowieka uwalnia obecnie ponad 30 miliardów ton $_{CO2}$ rocznie do atmosfery.

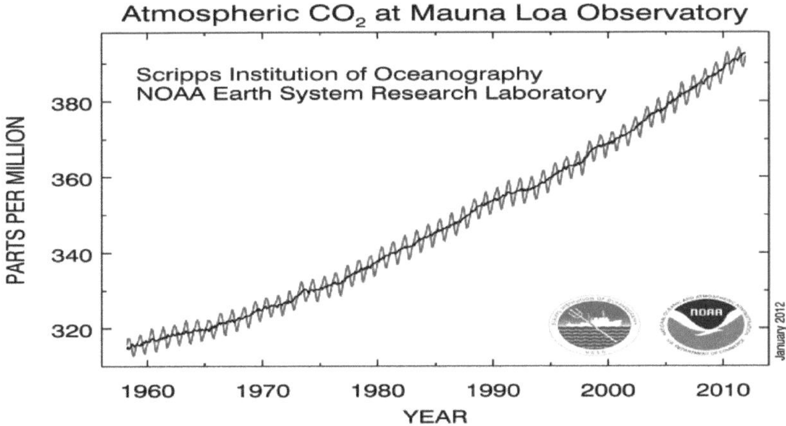

Rys. 8 : Roczna zmiana **emisji CO2 (dostosowana na podstawie raportu NASA, 2010 r.)**

Podtlenek azotu

Emitowane podczas działalności rolniczej i przemysłowej, a także podczas spalania paliw kopalnych i odpadów stałych. Jego żywotność w atmosferze wynosi 121 lat.

Gazy fluorowane

Gazy fluorowęglowodory, perfluorowęglowodory i sześciofluorek siarki emitowane z różnych procesów przemysłowych, zastosowań komercyjnych i domowych mają długą żywotność.

Metan

Emisje metanu są wynikiem produkcji węgla, gazu ziemnego i ropy naftowej, a także produkcji zwierzęcej, praktyk rolniczych, beztlenowego rozkładu odpadów organicznych itp. o średnim okresie użytkowania wynoszącym ponad 12 lat.

Termin "efekt cieplarniany" wymyślony w 1827 roku przez Josepha Fouriera, francuskiego matematyka i fizyka, przewidział proces ocieplenia Ziemi z powodu gazów cieplarnianych uwięzionych w atmosferze. Gazy cieplarniane rosną w atmosferze z powodu różnych rodzajów działalności człowieka. Względny udział gazów cieplarnianych w globalnym ociepleniu przedstawia się następująco:

- CO_2 **odpowiada za 64% globalnego ocieplenia spowodowanego przez człowieka.**
- **Metan** odpowiada za 17% globalnego ocieplenia spowodowanego przez człowieka, a **podtlenek azotu** za 6%.

f) Rola refleksyjności Ziemi

Zmiany w sposobie użytkowania gruntów i pokrycia terenu przez człowieka zmieniły refleksyjność Ziemi. Procesy takie jak wylesianie, ponowne zalesianie, pustynnienie i urbanizacja często przyczyniają się do zmian klimatycznych w miejscach, w których występują. Skutki te mogą być znaczące w skali regionalnej, ale są mniejsze, gdy są uśredniane na całym świecie. Ponadto działalność człowieka zwiększyła na ogół liczbę cząstek aerozolu w atmosferze. Ogólnie rzecz biorąc, aerozole wytwarzane przez człowieka mają efekt chłodzenia netto równoważący około jedną trzecią całkowitego efektu cieplarnianego związanego z emisją gazów cieplarnianych przez człowieka. Zmniejszenie całkowitej emisji aerozoli może zatem prowadzić do większego ocieplenia. Jednakże ukierunkowane redukcje emisji czarnego dwutlenku węgla mogą ograniczyć ocieplenie.

g) Inne czynniki wpływające na klimat

Cząsteczki i aerozole w atmosferze mogą również wpływać na klimat. Działalność człowieka, taka jak spalanie paliw kopalnych i biomasy, przyczynia się do emisji tych substancji, chociaż niektóre aerozole również pochodzą ze źródeł naturalnych, takich jak wulkany i plankton morski.

Czarny węgiel (BC) jest cząsteczką stałą lub aerozolem, a nie gazem, ale również przyczynia się do ocieplenia atmosfery. W przeciwieństwie do gazów cieplarnianych, BC może bezpośrednio pochłaniać przychodzące i odbite światło słoneczne oraz pochłaniać promieniowanie podczerwone. BC może być również osadzany na śniegu i lodzie, przyciemniając powierzchnię i tym samym zwiększając absorpcję światła słonecznego przez śnieg i przyspieszając topnienie. Siarczany, węgiel organiczny i inne aerozole mogą powodować chłodzenie poprzez odbicie światła słonecznego.

Obecna **średnia temperatura na świecie jest o 0,85°C wyższa** niż pod koniec XIX wieku. Każda z ostatnich trzech dekad była cieplejsza niż jakakolwiek poprzednia dekada, odkąd w 1850 roku rozpoczęły się nagrania. Wzrost temperatury o 2°C w porównaniu z temperaturą w czasach przedprzemysłowych jest postrzegany przez naukowców jako próg, powyżej którego istnieje znacznie większe ryzyko wystąpienia niebezpiecznych i potencjalnie katastrofalnych zmian w globalnym środowisku. Z tego powodu społeczność międzynarodowa uznała potrzebę utrzymania temperatury poniżej 2°C.

Trend temperatury na Ziemi jest taki, jak pokazano na rysunku.

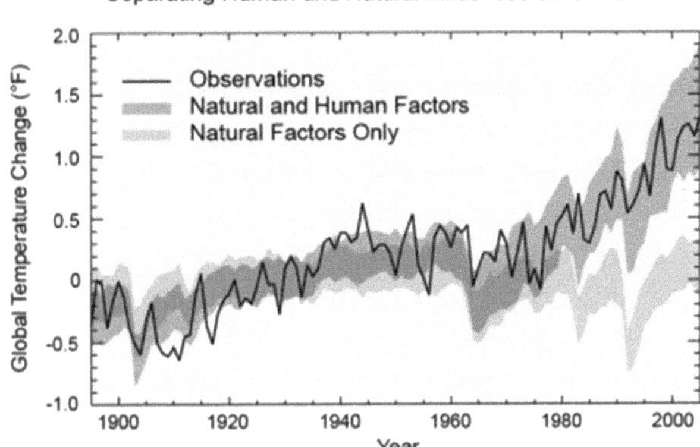

Rys. 9 : Względny udział w globalnej temperaturze

Oprócz gazów cieplarnianych, innymi czynnikami, które mogą prowadzić do ocieplenia lub ochłodzenia ziemskiej atmosfery są zmiany w energii słonecznej docierającej do Ziemi oraz zmiany w odbijalności ziemskiej atmosfery i powierzchni. Istnieje kilka badań sięgających setek tysięcy lat wstecz (a w niektórych przypadkach milionów lub setek milionów lat), analizując szereg pośrednich miar klimatu, takich jak rdzenie lodowe, słoje drzew, długość lodowca, pozostałości pyłków i osady oceaniczne. Modele, które uwzględniają jedynie skutki procesów naturalnych, nie są w stanie wytłumaczyć ocieplenia obserwowanego w ciągu ostatniego stulecia. Niektóre z wyników poprzednich badań przedstawiono na rysunku 10.

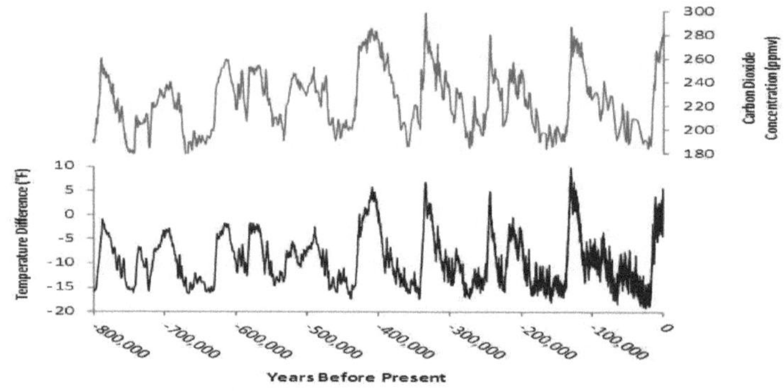

Rys. 10: Badania paleo temperaturowe

Oprócz bezpośredniego wpływu gazów cieplarnianych na ocieplenie, istnieją mechanizmy sprzężenia zwrotnego, które przyczyniają się do zmian klimatycznych. Para wodna wydaje się powodować najważniejsze pozytywne sprzężenie zwrotne. W miarę ocieplania się Ziemi, szybkość parowania i zdolność powietrza do zatrzymywania pary wodnej rosną, zwiększając ilość pary wodnej w powietrzu. Ponieważ para wodna jest gazem cieplarnianym, prowadzi to do dalszego ocieplenia. Topnienie arktycznego lodu morskiego jest kolejnym przykładem pozytywnej reakcji klimatycznej. W miarę wzrostu temperatury, lód morski cofa się. Utrata lodu odsłania podstawową powierzchnię morza, która jest ciemniejsza i pochłania więcej światła słonecznego niż lodu, zwiększając całkowitą ilość ciepła. Niektóre rodzaje chmur powodują negatywne sprzężenie zwrotne. Ciepło może zwiększyć ilość lub odbijalność tych chmur, odbijając więcej światła słonecznego z powrotem w przestrzeń, chłodząc powierzchnię planety. Inne rodzaje chmur, jednakże, przyczyniają się do pozytywnego sprzężenia zwrotnego.

4. Wpływ zmian klimatu

Zmiana klimatu ma kilka aspektów związanych z ziemią, wodą i atmosferą oraz zmieniający się klimat wpływa na społeczeństwo i ekosystemy na wiele różnych sposobów. Zmiany klimatyczne mogą zmienić opady deszczu, wpłynąć na zdrowie ludzi i plony, spowodować zmiany ekologiczne w lasach i roślinności. Zmieniający się stan atmosfery i hydrologia mogą nawet wpływać na zaopatrzenie w energię. Skutki klimatyczne w wielu sektorach mają niekorzystny wpływ na gospodarkę.

W ciągu ostatnich dwóch dziesięcioleci dane pogodowe w Indiach pokazały zmiany w opadach atmosferycznych z rosnącym trendem silnych i bardzo silnych opadów deszczu, ale nie wszystkie obszary posiadają dane za długie okresy. Opady deszczu wzrosły w połowie szerokości geograficznej półkuli północnej od początku XX wieku. Występują również zmiany między sezonami w różnych regionach. Na przykład letnie opady deszczu w Wielkiej Brytanii zmniejszają się średnio, podczas gdy zimowe opady deszczu rosną. Istnieją również dowody na to, że obfite opady deszczu stały się bardziej intensywne, zwłaszcza w Ameryce Północnej.

Lodowce

Lodowce uważane są za jedne z najbardziej wrażliwych wskaźników zmian klimatycznych. Ich wielkość jest określana na podstawie bilansu masowego pomiędzy wsadem śniegu a wydajnością topnienia. W miarę ocieplania się temperatury lodowce cofają się, chyba że opady śniegu zwiększą się w celu nadrobienia dodatkowego roztopu; jest to również prawda.

Lodowce rosną i kurczą się zarówno ze względu na naturalną zmienność, jak i zewnętrzne odkuwki. Zmienność temperatury, opadów atmosferycznych oraz hydrologii englacjalnej i subglacjalnej może silnie wpływać na ewolucję lodowca w danym sezonie. W związku z tym, aby złagodzić krótkotrwałą lokalną zmienność i uzyskać historię lodowca związaną z klimatem, należy przyjąć średnią w dziesięcioletnim lub dłuższym horyzoncie czasowym i/lub w odniesieniu do wielu indywidualnych lodowców.

Światowa inwentaryzacja lodowca jest opracowywana od lat 70. ubiegłego wieku, początkowo oparta głównie na zdjęciach lotniczych i mapach, ale obecnie w większym stopniu na satelitach. Ta kompilacja obejmuje ponad 100.000 lodowców o łącznej powierzchni około 240.000 km2 , a wstępne szacunki wskazują, że pozostała pokrywa lodowa wynosi około 445.000 km2. World Glacier Monitoring Service gromadzi corocznie dane na temat odosobnienia lodowca i bilansu masy lodowca. Na podstawie tych danych stwierdzono, że lodowce na całym świecie kurczą się znacząco, z silnymi odosobnieniami lodowca w latach 40., stabilnymi lub rosnącymi warunkami w latach 20. i 1970.

Najważniejszymi procesami klimatycznymi od czasu środkowego do późnego pliocenu (około 3 mln lat temu) są cykle lodowcowe i międzylodowcowe. Obecny okres międzylodowcowy (Holokaust) trwał około 11 700 lat. Kształtowane przez zmiany orbitalne, reakcje takie jak wzrost i upadek tafli lodu kontynentalnego oraz znaczące zmiany poziomu morza pomogły stworzyć klimat. Inne zmiany, w tym wydarzenia Heinricha, Dansgaarda–Oeschger events i Younger Dryas, pokazują jednak, jak zmiany lodowcowe mogą również wpływać na klimat bez wymuszania orbitalnego.

Lodowce pozostawiają po sobie moreny, które zawierają bogactwo materiału - w tym materię organiczną, kwarc i potas, które mogą być datowane - rejestrując okresy, w których lodowiec rozwijał się i cofał. Podobnie, za pomocą technik tefrochronologicznych, brak pokrywy lodowcowej można rozpoznać po obecności poziomu gleby lub wulkanicznego poziomu tefry, którego datę złożenia można również ustalić.

Utrata lodu na morzu arktycznym

Spadek pokrywy lodowej na Morzu Arktycznym, zarówno pod względem zasięgu, jak i grubości, w ciągu ostatnich kilkudziesięciu lat jest kolejnym dowodem na szybkie zmiany klimatu. Lód morski to zamarznięta woda morska, która unosi się na powierzchni oceanu. Obejmuje on miliony mil kwadratowych w regionach polarnych, różniących się w zależności od pory roku. W Arktyce część lodu morskiego pozostaje rok po roku, podczas gdy prawie cały lód na Oceanie Południowym lub Antarktyce topi się i co roku przeprowadza reformy. Obserwacje satelitarne pokazują, że lód na Morzu Arktycznym spada obecnie w tempie 13,3 procent na dekadę, w porównaniu ze średnią z lat 1981-2010.

Zmiana poziomu morza

Globalne zmiany poziomu morza przez większą część ubiegłego stulecia były generalnie szacowane przy użyciu pomiarów pływów morskich zestawianych przez długi okres czasu w celu uzyskania długoterminowej średniej. Ostatnio pomiary wysokościomierza - w połączeniu z dokładnie określonymi orbitami satelitarnymi - zapewniły lepszy pomiar globalnej zmiany poziomu morza. Aby zmierzyć poziom mórz przed wykonaniem pomiarów instrumentalnych, naukowcy datują rafy koralowe, które rosną blisko powierzchni oceanu, osady przybrzeżne, tarasy morskie, ooidy w wapieniach oraz przybrzeżne pozostałości archeologiczne. Dominującymi stosowanymi metodami datowania są serie uranu i radiowęglowodory, przy czym kosmogeniczne radionuklidy są niekiedy stosowane do tej pory na tarasach, na których nastąpił względny spadek poziomu morza. We wczesnym Pliocenie globalne temperatury były o 1-2°C cieplejsze od obecnej, a poziom morza był o 15-25 metrów wyższy niż obecnie.

4.1 Wpływ zmian klimatycznych w Indiach

Ekstremalne ciepło

Indie już teraz doświadczają ocieplenia klimatu. Oczekuje się, że nietypowe i bezprecedensowe zaklęcia gorąca pogoda będą występować znacznie częściej i obejmą znacznie większe obszary. Przewiduje się, że przy ociepleniu poniżej 4°C zachodnie wybrzeże i południowe Indie przejdą na nowe, wysokotemperaturowe systemy klimatyczne o znaczącym wpływie na rolnictwo. W sytuacji, gdy zabudowane obszary miejskie szybko stają się "wyspami ciepła", urbaniści będą musieli przyjąć środki mające na celu przeciwdziałanie temu efektowi.

Zmiana schematów opadów deszczu

Obserwowano już spadek opadów monsunów od lat 50-tych XX wieku. Wzrosła również częstotliwość obfitych opadów deszczu. Wzrost średniej temperatury na świecie o 2°C sprawi, że letni monsun w Indiach będzie wysoce nieprzewidywalny. Przy ociepleniu o 4°C do końca stulecia przewiduje się, że do końca stulecia co 10 lat będzie miał miejsce ekstremalnie mokry monsun, który obecnie ma szansę wystąpić tylko raz na 100 lat. Gwałtowna zmiana w monsunie może doprowadzić do poważnego kryzysu, wywołując częstsze susze oraz większe powodzie w dużych częściach Indii. Północno-zachodnie wybrzeże Indii w południowo-wschodnim regionie przybrzeżnym może widzieć wyższe niż przeciętne opady deszczu. Oczekuje się, że lata suche będą bardziej suche, a lata mokre bardziej wilgotne. Ulepszenia w systemach hydrometeorologicznych do prognozowania pogody oraz instalacja systemów ostrzegania przeciwpowodziowego mogą pomóc ludziom w usunięciu szkód, zanim dojdzie do katastrofy związanej z pogodą.

Susze

Dowody wskazują na to, że części Azji Południowej stały się bardziej suche od lat 70-tych XX wieku wraz ze wzrostem liczby susz. Susze mają poważne konsekwencje. W latach 1987 i 2002-2003 susze dotknęły ponad połowę powierzchni upraw w Indiach i doprowadziły do ogromnego spadku produkcji roślinnej. Oczekuje się, że susze będą częstsze na niektórych obszarach, zwłaszcza w północno-zachodnich Indiach, Jharkhand, Orissa i Chhattisgarh. Oczekuje się, że plony upraw znacznie spadną z powodu ekstremalnego ciepła do 2040 roku. Inwestycje w badania i rozwój w zakresie rozwoju upraw odpornych na suszę mogą pomóc w ograniczeniu niektórych negatywnych skutków.

Wody gruntowe

Ponad 60% rolnictwa w Indiach jest karmione deszczem, co sprawia, że kraj ten jest w dużym stopniu uzależniony od wód gruntowych. Nawet bez zmian klimatycznych, 15% zasobów wód podziemnych Indii jest nadmiernie eksploatowanych. Chociaż trudno jest przewidzieć przyszły poziom wód gruntowych, można się spodziewać dalszego spadku poziomu wód gruntowych ze względu na rosnące zapotrzebowanie na wodę ze strony rosnącej populacji, bardziej zamożnego stylu życia, a także ze strony sektora usług i przemysłu. Należy zachęcać do efektywnego wykorzystania zasobów wód gruntowych.

Wzrost poziomu morza

Mumbaj ma największą na świecie populację narażoną na powodzie na wybrzeżu, z dużą częścią miasta zbudowaną na zrekultywowanej ziemi, poniżej znaku przypływu. Szybka i nieplanowana urbanizacja dodatkowo zwiększa ryzyko wtargnięcia wody morskiej. W przypadku Indii w pobliżu równika, subkontynent odnotowałby znacznie wyższy wzrost poziomu morza niż wyższe szerokości geograficzne. Podnoszenie się poziomu morza i przypływy burzowe doprowadziłyby do wtargnięcia wód słonych do obszarów przybrzeżnych, wpływając na rolnictwo, pogarszając jakość wód gruntowych, zanieczyszczając wodę pitną i prawdopodobnie powodując wzrost liczby przypadków biegunki i epidemii cholery, ponieważ bakteria cholery dłużej utrzymuje się w wodzie słonej. Kolkata i Bombaj, oba gęsto zaludnione miasta, są szczególnie narażone na skutki podniesienia się poziomu morza, cyklonów tropikalnych i powodzi w rzekach. Kodeksy budowlane będą musiały być ściśle egzekwowane, a planowanie urbanistyczne będzie musiało przygotować się na katastrofy związane z klimatem. W razie potrzeby konieczne będzie zbudowanie nasypów przybrzeżnych i ścisłe egzekwowanie kodeksów stref przybrzeżnych.

Wpływ na rolnictwo i bezpieczeństwo żywnościowe

Nawet bez zmian klimatu oczekuje się, że światowe ceny żywności wzrosną z powodu rosnącej liczby ludności i rosnących dochodów, a także większego popytu na biopaliwa.

Ryż: Podczas gdy ogólne zbiory ryżu wzrosły, rosnące temperatury i mniejsze opady deszczu pod koniec sezonu wegetacyjnego spowodowały znaczne straty w produkcji ryżu w Indiach. Bez zmiany klimatu średnie zbiory ryżu mogłyby być wyższe o prawie 6 % (75 mln ton w wartościach bezwzględnych).

Pszenica: Ostatnie badania pokazują, że plony pszenicy osiągnęły najwyższy poziom w Indiach i Bangladeszu około 2001 r. i nie wzrosły od tego czasu, pomimo rosnących zastosowań nawozów. Obserwacje pokazują, że bardzo wysokie temperatury w północnych Indiach - powyżej 34°C - miały istotny negatywny wpływ na plony pszenicy, a wzrost temperatury może tylko pogorszyć sytuację.

Sezonowy niedobór wody, rosnące temperatury i wtargnięcie wody morskiej zagrażałyby plonom, zagrażając bezpieczeństwu żywnościowemu kraju.

Jeżeli obecne tendencje się utrzymają, można się spodziewać znacznego zmniejszenia plonów zarówno ryżu, jak i pszenicy w perspektywie krótko- i średnioterminowej.

Przy ociepleniu poniżej 2°C do 2050 r. kraj może być zmuszony importować ponad dwukrotnie więcej żywności niż byłoby to konieczne bez zmiany klimatu. Dywersyfikacja upraw, bardziej efektywne wykorzystanie wody i lepsze praktyki zarządzania glebą, wraz z rozwojem upraw odpornych na suszę, mogą pomóc w ograniczeniu niektórych negatywnych skutków.

Bezpieczeństwo energetyczne

Wpływ klimatu na zasoby wodne może podważyć dwie dominujące formy wytwarzania energii elektrycznej w Indiach - energię wodną i cieplną - przy czym obie te formy uzależnione są od odpowiednich dostaw wody, aby mogły skutecznie funkcjonować. Aby funkcjonować z pełną wydajnością, elektrownie cieplne potrzebują stałego dopływu świeżej, chłodnej wody w celu utrzymania swoich systemów chłodzenia.

Rosnąca zmienność i długoterminowe spadki przepływów rzecznych mogą stanowić poważne wyzwanie dla elektrowni wodnych i zwiększyć ryzyko wystąpienia szkód fizycznych spowodowanych osuwiskami ziemi, gwałtownymi powodziami, wyrzutami jezior lodowcowych i innymi klęskami żywiołowymi związanymi z klimatem.

Spadek dostępności wody i wzrost temperatury będą stanowić główne czynniki ryzyka dla *wytwarzania* energii cieplnej. Projekty będą musiały być planowane z uwzględnieniem zagrożeń klimatycznych.

Bezpieczeństwo wodne

Wiele części Indii już doświadcza stresu wodnego. Nawet bez zmian klimatycznych zaspokojenie przyszłego zapotrzebowania na wodę będzie dużym wyzwaniem.

Urbanizacja, wzrost liczby ludności, rozwój gospodarczy i rosnące zapotrzebowanie na wodę z rolnictwa i przemysłu prawdopodobnie jeszcze bardziej pogorszą sytuację. Przewiduje się, że wzrost zmienności monsunowych opadów deszczu zwiększy niedobory wody na niektórych obszarach.

Badania wykazały, że zagrożenie dla bezpieczeństwa wodnego jest bardzo wysokie w środkowych Indiach, wzdłuż łańcuchów górskich zachodnich Ghatów oraz w północno-wschodnich stanach Indii. Ulepszenia w systemach nawadniania, techniki zbierania wody oraz bardziej wydajna gospodarka wodna w rolnictwie mogą zrównoważyć niektóre z tych zagrożeń.

Wpływ na zdrowie

Oczekuje się, że zmiany klimatu będą miały poważne skutki zdrowotne w Indiach - rosnące niedożywienie i związane z nim zaburzenia zdrowotne, takie jak zahamowanie rozwoju dziecka - przy czym najciężej dotknięte zostaną osoby ubogie. Malaria i inne choroby przenoszone przez wektory, wraz z infekcjami biegunkowymi, które są główną przyczyną śmiertelności dzieci, mogą rozprzestrzeniać się na obszary, na których wcześniej występowało ograniczone przenoszenie zimnych temperatur.

5. Dostosowanie się do zmian klimatycznych

"Adaptacja" odnosi się do dostosowań dokonywanych przez społeczeństwa lub ekosystemy w celu ograniczenia negatywnych skutków zmian klimatycznych lub wykorzystania możliwości, jakie stwarza zmieniający się klimat. Adaptacja może obejmować zarówno rolników uprawiających rośliny bardziej odporne na suszę, jak i społeczności nadmorskiej, którzy oceniają, w jaki sposób najlepiej chronić swoją infrastrukturę przed podnoszeniem się poziomu morza. Podczas gdy redukcja emisji gazów cieplarnianych jest konieczna, aby uniknąć najgorszych skutków zmian klimatycznych, nieuniknione jest pewne ocieplenie globalne ze względu na długotrwały charakter gazów cieplarnianych już znajdujących się w atmosferze oraz ze względu na ciepło już zmagazynowane w oceanach.

Działania adaptacyjne obejmują reagowanie na warunki, które już się zmieniły, oraz planowanie w zakresie zmian klimatu przed wystąpieniem skutków. Jak pokazują poniższe przykłady, w wielu obszarach wprowadzono już środki adaptacyjne. Działania te mogą być rozszerzone lub zmodyfikowane w celu przygotowania się na zmianę klimatu. Jednak konieczne mogą być również dodatkowe środki, takie jak nowe technologie i polityki. Takie działania mogą wymagać czasu i środków na ich realizację, dlatego ważne jest planowanie już teraz.

Planowane są różne działania proaktywne:

- Rozwijać odmiany upraw, które są bardziej odporne na upał, suszę lub powodzie spowodowane silnymi opadami deszczu.
- Zachowanie terenów podmokłych i otwartych przestrzeni w celu ochrony społeczności nadbrzeżnych przed powodziami i erozją spowodowaną burzami i podnoszeniem się poziomu morza.
- Poprawa planowania ewakuacji obszarów nisko położonych w celu przygotowania się na zwiększoną falę burzową i powodzie.
- Ograniczenie zanieczyszczenia, utraty siedlisk i innych czynników stresogennych, które czynią ekosystemy bardziej wrażliwymi na zmiany klimatyczne.
- Zwiększenie efektywności energetycznej w celu zrekompensowania wzrostu zużycia energii, np. w wyniku częstszego stosowania klimatyzacji jako ciepła.
- Stworzenie systemów wczesnego ostrzegania i planów reagowania kryzysowego w celu przygotowania się na bardziej ekstremalne zjawiska pogodowe.

- Sadzenie drzew i rozszerzanie terenów zielonych w miastach w celu zmniejszenia efektu "miejskiej wyspy ciepła".
- Poprawa efektywności wykorzystania wody oraz budowa dodatkowej pojemności magazynowej wody poprzez odtworzenie cieków wodnych i brzegów rzek.

SEKCJA B: ROLA SATELITÓW W BADANIACH NAD ZMIANAMI KLIMATU

6. Wprowadzenie do systemu teledetekcji

Potencjalne zmiany klimatyczne i ewentualne negatywne skutki dla gospodarki i całego społeczeństwa budzą niepokój. Obserwacje wskazują na możliwość częstszego występowania ciężkich zjawisk pogodowych i intensywnych opadów deszczu, a także zatopienia nisko położonych wysp, obszarów przybrzeżnych, częstych powodzi, degradacji wybrzeży i topnienia lodowców w indyjskich Himalajach. Różne parametry związane ze zmianami klimatu muszą być monitorowane i analizowane. Rolnictwo indyjskie, silnie uzależnione od monsunu i potencjalnego wpływu zmian klimatycznych na dynamikę monsunu poprzez ocieplenie oceanu, wymaga uwagi. Podczas badania scenariuszy zmian klimatycznych konieczne jest opracowanie niezbędnych strategii na szczeblu lokalnym w celu zmniejszenia negatywnego wpływu, zwłaszcza na rolnictwo i gospodarkę wodną. Przeciwdziałanie skutkom zmian klimatycznych za pomocą środków naukowych będzie wyzwaniem.

7. Interakcje energetyczne z atmosferą

Cała materia składa się z atomów i cząsteczek o określonych składach. Dlatego materia emituje lub absorbuje promieniowanie elektromagnetyczne na określonej długości fali w odniesieniu do stanu wewnętrznego. Cała materia odbija, absorbuje, przenika i emituje promieniowanie elektromagnetyczne w unikalny sposób. Promieniowanie elektromagnetyczne przez atmosferę do i z powierzchni ziemi jest odbijane, rozpraszane, dyfrakcjonowane, załamywane, absorbowane, transmitowane i rozpraszane. Na przykład powodem, dla którego liść wygląda na zielony jest to, że chlorofil wchłania widma niebieskiego i czerwonego i odbija zielony. Unikalna charakterystyka materii nazywana jest charakterystyką spektralną.

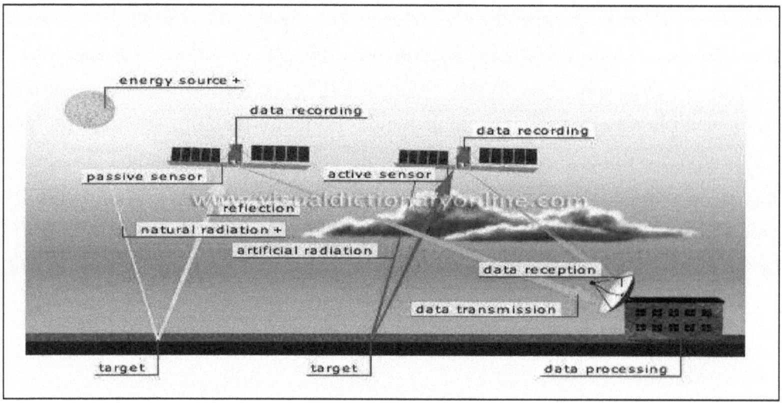

Rys. 11 Współdziałanie promieniowania słonecznego z atmosferą

Stosunek promieniowania przekazywanego przez atmosferę docierającą do Ziemi do promieniowania napływającego ze Słońca nazywany jest transmitancją. Różni się to w zależności od częstotliwości, ze względu na selektywną absorpcję i rozpraszanie przez gazy w atmosferze. Poniższy rysunek przedstawia transmitancję promieniowania w funkcji długości fali dla atmosfery.

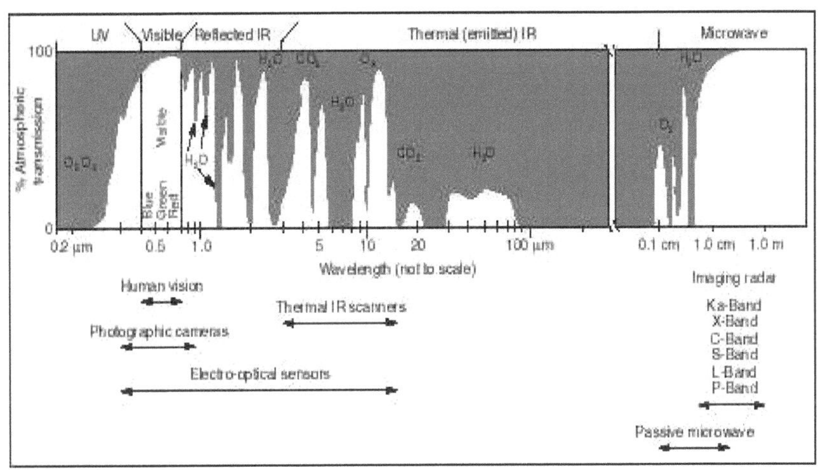

Rys. 12 Atmosferyczne okna dla czujników teledetekcyjnych

Widać, że istnieją regiony, w których transmitancja jest wysoka, czyli atmosfera pozwala na przenikanie promieniowania. Są one nazywane "oknami atmosferycznymi". Istnieją inne regiony, gdzie w przepuszczalności jest bardzo niska, co oznacza, że promieniowanie jest pochłaniane przez cząsteczki gazu, takie jak CO_2, O_2, O_3, H_2O itp.

Okna atmosferyczne znajdują się w rejonach widzialnej, termicznej podczerwieni i mikrofal i są one wykorzystywane do zdalnego wykrywania powierzchni ziemi. Widmowe regiony absorpcji są wykorzystywane do zdalnego wykrywania atmosfery w celu badania stężenia gazów, temperatury i wilgotności atmosfery. Jednym z przykładów jest pasmo promieniowania ultrafioletowego wykorzystywane do badania stężenia ozonu (O_3).

8. Czujniki satelitarne, platformy i skanowanie

Większość instrumentów teledetekcyjnych (czujników) jest przeznaczona do pomiaru fotonów. Podstawową zasadą działania czujnika jest sposób odbioru promieniowania elektromagnetycznego i przekształcania go w sygnały elektryczne. Jest to koncepcja *efektu fotoelektrycznego*, za który Albert Einstein, który po raz pierwszy szczegółowo ją wyjaśnił, otrzymał Nagrodę Nobla. To, mówiąc wprost, mówi, że wystąpi emisja cząstek ujemnych (elektronów), gdy ujemnie naładowana płytka jakiegoś odpowiedniego materiału światłoczułego zostanie poddana działaniu wiązki fotonów. Elektronów mogą być następnie wykonane do przepływu jako prąd z płyty, są zbierane, a następnie liczone jako sygnał. Kluczowy punkt: Wielkość wytwarzanego prądu elektrycznego (liczba fotoelektronów na jednostkę czasu) jest wprost proporcjonalna do natężenia światła. W ten sposób zmiany w prądzie elektrycznym mogą być wykorzystane do pomiaru zmian w fotonach (liczbach, natężeniu), które uderzają w płytkę (detektor) w danym przedziale czasu. Energia kinetyczna uwalnianych fotoelektronów zmienia się w zależności od częstotliwości (lub długości fali) promieniowania uderzeniowego. Ale różne materiały ulegają fotoelektrycznemu efektowi uwalniania elektronów w różnych przedziałach długości fal; każdy z nich ma progową długość fali, przy której zjawisko to jest prostopadłe do ruchu satelity. W przypadku skanowania ścieżek, czujnik porusza się wraz z satelitą i ciągle "widzi widok pola". Pole widzenia to całkowita scena pod czujnikiem, a chwilowe pole widzenia (IFOV) to obszar, który jest skanowany.

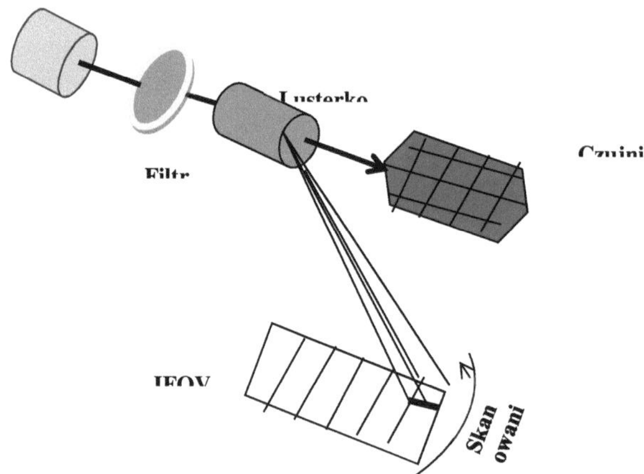

Rys. 13: Skanowanie ścieżek krzyżowych

9. Podpisy osób fizycznych

Ogólnie rzecz biorąc, teledetekcja działa na zasadzie *odwrotnego problemu*. Podczas gdy obiekt lub zjawisko będące przedmiotem zainteresowania może nie być bezpośrednio mierzone, istnieje pewna inna zmienna, którą można wykryć i zmierzyć, a która może być związana z przedmiotem zainteresowania poprzez zastosowanie modelu komputerowego opartego na danych. Powszechną analogią podaną do opisania tego jest próba określenia rodzaju zwierzęcia na podstawie jego śladów. Na przykład, podczas gdy niemożliwe jest bezpośrednie mierzenie temperatur w górnej części atmosfery, możliwe jest zmierzenie emisji spektralnych ze znanych gatunków chemicznych (takich jak dwutlenek węgla) w tym regionie. Częstotliwość emisji może być wtedy powiązana z temperaturą w tym regionie poprzez różne zależności termodynamiczne. Jakość danych z teledetekcji składa się z rozdzielczości przestrzennej, spektralnej, radiometrycznej i czasowej.

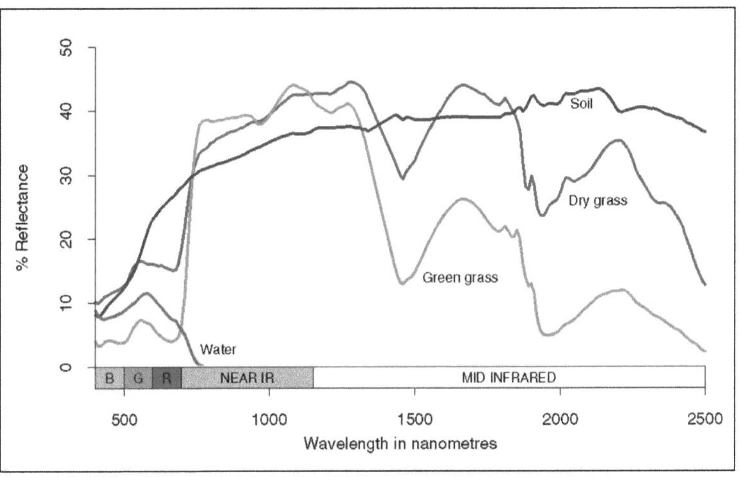

Rys. 14. Podpis widmowy obiektów

Proporcje energii odbitej, pochłoniętej i przesłanej będą się różnić dla różnych cech ziemi, w zależności od rodzaju materiału i warunków. Różnice te pozwalają nam rozróżnić różne cechy obrazu. Zależność od długości fali oznacza, że nawet w ramach danego typu funkcji, proporcje energii odbitej, pochłoniętej i przesyłanej będą się różnić przy różnych długościach fali. Tak więc, dwie cechy mogą być rozróżnialne w jednym zakresie spektralnym i być bardzo różne na innej długości fali marki. W obrębie widocznej części widma, te zmiany widmowe powodują efekt wizualny zwany KOLOR. Na przykład niebieskie obiekty nazywamy "niebieskimi", gdy odbijają się one wysoko w "zielonym" obszarze spektralnym itd. W ten sposób oko wykorzystuje widmowe wahania wielkości odbitej energii, aby rozróżnić różne obiekty.

Wykres widmowego współczynnika odbicia obiektu w funkcji długości fali nazywany jest krzywą widmowego odbicia. Konfiguracja spektralnych krzywych reflektancji zapewnia wgląd w charakterystykę obiektu i ma silny wpływ na wybór regionu długości fali (ów), w którym dane teledetekcyjne są pozyskiwane dla konkretnego zastosowania. (W dyskusji posługujemy się terminami liściaste i iglaste nieco luźno, odnosząc się do drzew liściastych i iglastych, takich jak dąb i klon, jako drzew liściastych i iglastych, takich jak sosna i świerk, jako iglaste). Należy zauważyć, że krzywa dla każdego z tych typów obiektów jest wykreślana jako "taśma" (lub "obwiednia") o wartościach, a nie jako pojedyncza linia. Wynika to z faktu, że widmowe współczynniki odbicia różnią się nieco w obrębie danej klasy materiałowej. Oznacza to, że widmowe odbicie jednego gatunku drzewa liściastego i innego nigdy nie będzie identyczne. Nie będzie też widmowe odbicie drzew tego samego gatunku, które nigdy nie będzie dokładnie równe.

10. Program satelitarny Indii

Indyjski program obserwacji Ziemi był napędzany zastosowaniami, a rozwój krajowy był jego główną motywacją. Po udanych lotach pokazowych satelitów Bhaskara-1 i Bhaskara-2 wystrzelonych w 1979 i 1981 r., odpowiednio, Indie rozpoczęły rozwój rodzimego indyjskiego programu satelitarnego teledetekcji (IRS) w celu wsparcia gospodarki narodowej w obszarach rolnictwa, zasobów wodnych, leśnictwa i ekologii, geologii, wodopojów, rybołówstwa morskiego i zarządzania strefą przybrzeżną.

W tym celu Indie ustanowiły Krajowy System Zarządzania Zasobami Naturalnymi (NNRMS), dla którego Departament Przestrzeni Kosmicznej (DOS) jest agencją węzłową, świadczącą usługi operacyjne w zakresie danych teledetekcyjnych. Dane z satelitów IRS są odbierane i rozpowszechniane przez kilka krajów na całym świecie. Wraz z pojawieniem się satelitów o wysokiej rozdzielczości pojawiły się nowe zastosowania na obszarach niekontrolowanego rozwoju miast, planowania infrastruktury i innych zastosowań mapowania na dużą skalę.

System IRS to największa konstelacja satelitów teledetekcyjnych do użytku cywilnego, działających obecnie na świecie, z 12 satelitami operacyjnymi. Wszystkie te są umieszczone w polarnej orbicie słoneczno-synchronicznej i dostarczają danych w różnych rozdzielczościach przestrzennych, spektralnych i czasowych. Indyjski Program Teledetekcji zakończył 25 lat udanych operacji [17] marca 2013 roku.

Tabela 1: Satelity z indyjskim systemem teledetekcji satelitarnej

Satelita	Data uruchomienia	Typ satelity
RISAT-1	26.04.2012	Obserwacja Ziemi
Megha-Tropiques	12.10.2011	Obserwacja Ziemi
RESOURCESAT-2	20.04.2011	Obserwacja Ziemi
CARTOSAT-2B	12.07.2010	Obserwacja Ziemi
Oceansat-2	23.09.2009	Obserwacja Ziemi
RISAT-2	20.04.2009	Obserwacja Ziemi
CARTOSAT - 2A	28.04.2008	Obserwacja Ziemi
CARTOSAT - 2	10.01.2007	Obserwacja Ziemi
CARTOSAT-1	05.05.2005	Obserwacja Ziemi
Zasoby w przeliczeniu 1	17.10.2003	Obserwacja Ziemi
KALPANA (METSAT)	12.09.2002	Obserwacja pogody
TES	22.10.2001	Obserwacja Ziemi
OCEANSAT	26.05.1999	Obserwacja Ziemi
IRS-1D	29.09.1997	Obserwacja Ziemi
IRS-P3	21.03.1996	Obserwacja Ziemi
IRS-1C	28.12.1995	Obserwacja Ziemi
IRS-P2	15.10.1994	Obserwacja Ziemi
IRS-1E	20.09.1993	Obserwacja Ziemi
IRS-1B	29.08.1991	Obserwacja Ziemi
INSAT-1D	12.06.1990	Obserwacja pogody
INSAT-1C	21.07.1988	Obserwacja pogody
IRS-1A	17.03.1988	Obserwacja Ziemi
INSAT-1B	30.08.1983	Obserwacja pogody
Rohini (RS-D2)	17.04.1983	Obserwacja Ziemi
INSAT-1A	10.04.1982	Obserwacja pogody
Bhaskara-II	20.11.1981	Obserwacja Ziemi
Bhaskara-I....	07.06.1979	Obserwacja Ziemi
Aryabhata	19.04.1975	Satelita doświadczalny

Wystrzelenie pierwszego satelity meteorologicznego TIROS-I w kwietniu 1960 r. zapowiadało erę obserwacji kosmosu i dało globowi pierwsze spojrzenie na otaczające go dynamiczne systemy chmur są obecnie dostępne tylko na systemach orbitalnych. Od tego czasu technologia ta rozwinęła się dzięki skokom i ograniczeniom w możliwościach obserwacji pod względem przestrzennym (VHRR), co umożliwia nam uzyskanie rozdzielczości widzialnej, podczerwonej, a teraz spektralnej i czasowej. Zalety obserwacji przestrzeni kosmicznej to -

- Synoptyczny widok dużych obszarów, wydobywający obserwatoria międzywydziałowe, dostarcza całodobowych relacji pogodowych procesów o różnej skali przestrzennej.
- Częste obserwacje z satelitów geostacjonarnych zapewniają ciągłe monitorowanie, podczas gdy satelity polarne na orbicie zapewniają typowy zasięg dwa razy dziennie;
- Nieodłączna uśrednianie przestrzenne jest bardziej reprezentatywne dla warunków atmosferycznych i rozwiązuje problem potrzebnej interkalibracji.
- Wysoki poziom jednolitości obserwacji przestrzeni kosmicznej. Satelity INSAT wyświetlają co godzinę obraz pogody kraju, pokazując systemy chmur, ich ruch i potencjalne poważne zdarzenia pogodowe.
- Wypełnienie luk w obserwacjach; dane dotyczące przestrzeni kosmicznej obejmują duże obszary oceaniczne oraz niedostępne i odległe obszary lądowe, zapewniając tym samym globalny zasięg.
- Nowe rodzaje danych i obserwacji; parametry wyników badań naukowych to: temperatura powierzchni morza (skóry), wiatry na powierzchni morza, zasolenie, bilans promieniowania, aerozol itp.
- Monitorowanie i prognozowanie poważnych zjawisk pogodowych, takich jak cyklony, powodzie, wybuchy chmur itp.

Wszystkie dane satelitarne są wprowadzane do modeli pogodowych, które generują prognozę pogody na 24 godziny do 72 godzin. Modele te wymagają dobrej jakości danych pogodowych w regularnych odstępach czasu.

Najpierw szczegółowo opisujemy poniżej system INSAT, który jest głównym satelitą do obserwacji pogody w tej części globu. Jest to wielofunkcyjny satelita geostacjonarny, który spełnia wymogi meteorologii i komunikacji. Przenosi ładunek meteorologiczny zwany Radiometrem Bardzo Wysokiej Rozdzielczości. Indyjski Departament Meteorologiczny jest główną agencją zajmującą się potwierdzaniem prognoz pogody i usług. Sieć naziemnych i górnych stacji obserwacyjnych powietrza jest wykorzystywana w połączeniu z obserwacjami satelitarnymi. Indyjski program kosmiczny od początku istnienia dał wielki impuls do meteorologii i prognozowania pogody. Seria geostacjonarnych satelitów danych INSAT została stworzona w celu zaspokojenia potrzeb operacyjnych służb meteorologicznych i pogodowych. Seria INSAT 1 wprowadzona na rynek w latach 80-tych posiadała Radiometr o bardzo wysokiej rozdzielczości, pracujący w pasmach widzialnym (0,55-0,75 µm) i termicznym (10,5-12,5 µm). Krytyczną rolę, jaką odegrały obserwacje satelitarne, wydobyto z kilku badań w regionach Oceanu Indyjskiego i Pacyfiku. Obecnie kilka operacyjnych satelitów meteorologicznych zapewnia rolnikom doradztwo w zakresie agrometrii.

Kilka czujników działa z różnych satelitów, takich jak -

- ✓ Wywoływarki pary wodnej,
- ✓ Sygnalizatory podczerwieni,
- ✓ Wizerunki mikrofalowe,
- ✓ Sygnalizatory mikrofalowe,
- ✓ Rozproszone urządzenia pomiarowe
- ✓ Radar Altimeters.

Prognozy pogody są tworzone poprzez zbieranie danych ilościowych na temat aktualnego stanu atmosfery i wykorzystanie naukowego zrozumienia procesów atmosferycznych do prognozowania ewolucji atmosfery. Chaotyczna natura atmosfery, ogromna moc obliczeniowa wymagana do rozwiązania równań opisujących atmosferę, błąd pomiaru warunków początkowych oraz niepełne zrozumienie procesów atmosferycznych oznaczają, że prognozy stają się mniej dokładne wraz ze wzrostem różnicy w czasie bieżącym i czasie, dla którego prognoza jest sporządzana (*zakres* prognozy). Numeryczne modele prognozowania pogody to komputerowe symulacje atmosfery. Dużą ilość obserwacji parametrów pogodowych zapewniają satelity i stacje naziemne, takie jak AWS, MBLM, GPS Sonde, Radar, LIDAR itp.

11. Aplikacje teledetekcyjne

Obserwacje teledetekcyjne dostarczają danych o zasobach naturalnych Ziemi w formacie przestrzennym. Dane pochodzące z teledetekcji (RS) mają tę zaletę, że mają widok synoptyczny i duże pokrycie powierzchni. Informacje wymagane w dziedzinie inżynierii lądowej i wodnej pochodzą głównie z analizy wzorów obrazu obecnych w danych. Wzorce te odzwierciedlają wpływ rodzaju materiału wyjściowego, procesów geologicznych, środowiska klimatycznego, biotycznego i fizjograficznego oraz aktywności człowieka. Tak więc zastosowania teledetekcji do inżynierii obejmują rozpoznawanie podstawowych form ukształtowania terenu wskazanych przez elementy wzoru na obrazie. Niektóre z ważnych projektów realizowanych w tym kraju obejmują mapowanie perspektyw wód gruntowych w ramach misji w zakresie wody pitnej, prognozowanie produkcji rolnej z wykorzystaniem przestrzeni, obserwacje agrometeorologiczne i obserwacje oparte na gruntach (FASAL), mapowanie pokrywy leśnej/typu, mapowanie użytków zielonych, charakterystyka różnorodności biologicznej, badania śniegu i lodowca, mapowanie użytkowania gruntów/pokrycia gruntów, badania wybrzeża, badania nad koralowcami i mangowcami, mapowanie odpadów itp.

Informacje generowane przez dużą liczbę projektów były wykorzystywane przez różne działy, branże i inne do różnych celów, takich jak planowanie rozwoju, monitoring, konserwacja itp.

12. Monitoring pogody z satelitów

W Indiach, Indyjski Departament Meteorologiczny jest główną agencją monitorującą pogodę i dającą prognozy. Sieć obserwatoriów pogodowych dostarcza przez całą dobę danych pogodowych, zarówno na powierzchni, jak i w powietrzu. Indyjski program kosmiczny od początku istnienia dał wielki impuls do meteorologii i prognozowania pogody. Seria satelitów geostacjonarnych INSAT została stworzona w celu zaspokojenia potrzeb operacyjnych służb meteorologicznych i pogodowych. Seria INSAT 1, wprowadzona na rynek w latach 80-tych, charakteryzowała się bardzo wysoką rozdzielczością Radiometru (VHRR), który działał w dwóch pasmach spektralnych - widzialnym [0,55-0,75 μm] i termicznej podczerwieni [10,5-12,5 μm]. Satelity INSAT wyświetlają co godzinę obraz pogody kraju, pokazując systemy chmur, ich ruch i potencjalne poważne zdarzenia pogodowe.

Badania atmosfery wymagają również odpowiednich danych naziemnych i objętościowych. Obecna sieć obserwacyjna jest niewystarczająca pod względem zasięgu przestrzennego i reprezentatywności. Automatyczna stacja meteorologiczna (AWS), Dopplerowski radar meteorologiczny, Lidar warstwy granicznej i sonda GPS dostarczają danych pogodowych.

Wszystkie te dane są wprowadzane do modeli pogodowych, które generują prognozę pogody na 24 godziny do 72 godzin. Modele te wymagają dobrej jakości danych pogodowych w regularnych odstępach czasu. Niektóre z wyników badań naukowych są....

- Jedno z najwcześniejszych badań z wykorzystaniem danych satelitarnych wykazało 30-40-dniowy oscylacyjny charakter przepływu monsunowego. Krytyczną rolę odgrywaną przez temperaturę powierzchni morza w regionach Oceanu Indyjskiego i Pacyfiku wyraźnie pokazało kilka badań.

- W oparciu o prognozę pogody na najbliższe dni, generowane są porady agrometu, aby pomóc rolnikom. Prognozy dotyczące obfitych opadów deszczu lub niedoborów deszczu pomagają w zaleceniu odpowiednich działań mających na celu ratowanie upraw. Obecnie IMD świadczy usługi doradcze w zakresie agrometu na poziomie powiatu. Dzięki zastosowaniu modeli mezoskalowych możliwe jest rozszerzenie tej usługi na poziom taluk z korzyścią dla rolników.

- Dane meteorologiczne wraz z satelitami są cenne w monitorowaniu i prognozowaniu cyklonów. Obrazy INSAT/VHRR są wykorzystywane do identyfikacji systemów chmur nad oceanami, gdzie nie są dostępne dane obserwacyjne, jak również do śledzenia cyklonu, oceny intensywności i przewidywania gwałtownych wzrostów sztormowych itp. Obecne badania na całym świecie koncentrują się na wykorzystaniu modeli mezoskalowych z danymi satelitarnymi w celu poprawy intensywności cyklonu i przewidywania toru.

- Wczesne ostrzeganie przed suszą jest przydatne w gospodarstwach rolnych i pozwala na osiągnięcie optymalnego lokalnego wzorca wykorzystania wody. Anomalie opadowe obserwowane z satelitów geo-stacjonarnych/meteorologicznych są wykorzystywane do wczesnego ostrzegania przed suszą, która nie została jeszcze w pełni uruchomiona. Wskaźnik roślinności uzyskany za pomocą satelity (VI), który jest wrażliwy na stres związany z wilgocią, jest obecnie stale wykorzystywany do monitorowania warunków suszy w czasie rzeczywistym, co często pomaga decydentom inicjować strategie odbudowy poprzez zmianę wzorców i praktyk upraw.

Rys. 15 Monitorowanie pogody za pomocą systemu INSAT

13. Zastosowanie danych satelitarnych w badaniach nad zmianami klimatu

W ciągu ostatnich trzech dekad, teledetekcja satelitarna wzrosła pod względem technologii i możliwości zastosowania. Opracowano i uruchomiono wieloczęstotliwościowe czujniki o wysokiej rozdzielczości. Indie eksploatują zarówno serie satelitów INSAT, jak i IRS (Joshi et al, 2003) do zastosowań lądowych, oceanicznych i atmosferycznych. Zaawansowane czujniki w działaniu obejmują Atmospheric Sounder w INSAT 3D, OCM w Oceansat 2, Wind Scatterometer w Oceansat 2, WiFS w Resourcesat. Czujniki te są w stanie uchwycić dynamiczne aspekty procesów lądowych, dynamikę oceanu i warunki atmosferyczne.

W kolejnych sekcjach zwrócono uwagę na zastosowania danych satelitarnych do badań nad zmianami klimatycznymi.

Zastosowania lądowe :

Ze względu na szybką urbanizację, użytkowanie gruntów zmienia się w szybkim tempie, co wymaga monitorowania. Satelity z indyjskim systemem teledetekcji (IRS) posiadają wysokiej rozdzielczości czujniki pracujące w obszarze widzialnym i w pobliżu obszaru podczerwieni. Są one przydatne w mapowaniu pokrycia terenu na dużych obszarach i określaniu ilościowym zmian. Rysunek 6 przedstawia pokrycie terenu i zmiany roślinności w miesiącach czerwiec i wrzesień. Warstwa roślinności dostarcza ważnych informacji wymaganych przez modele pogodowe o wysokiej rozdzielczości.

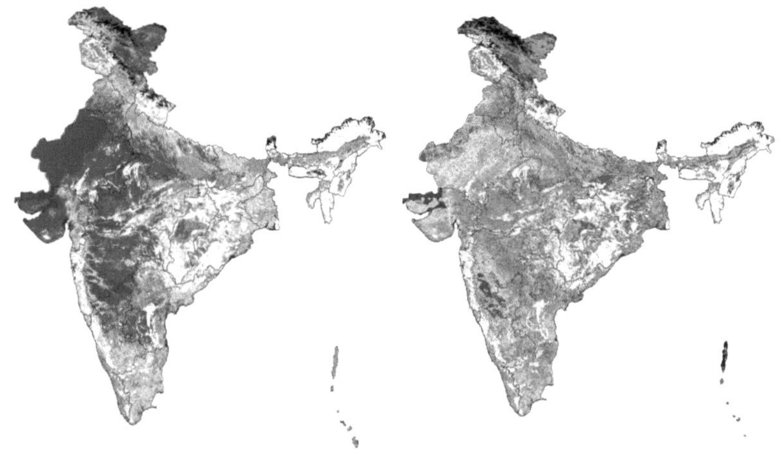

Rys. 16: Mapa roślinności z danych IRS 1 B - czerwiec 2016 r. (po lewej) & Wrzesień 2016 (po prawej)

Pokrycie lasu na całym świecie jest szczegółowo monitorowane za pomocą wielu czujników satelitarnych. Dane te zawierają szczegóły, takie jak rodzaj roślinności, gęstość, wigor wegetacji i szkody spowodowane pożarami lasów.

Poniższy rysunek 17 przedstawia pokrycie leśne części zachodnich Ghatów w stanie Karnataka w Indiach.

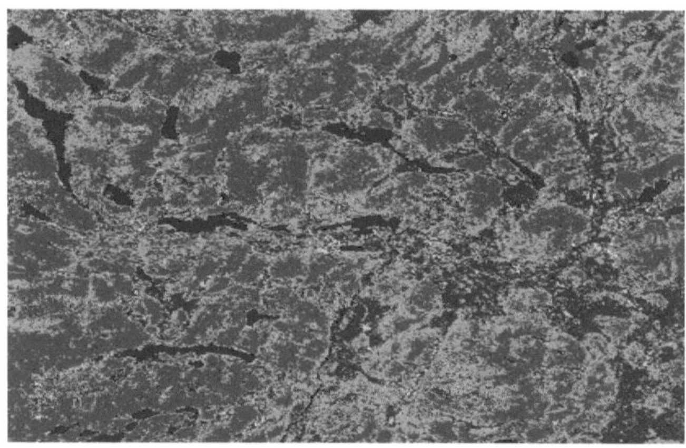

	Hardwood	Softwood	Mixed	Water	Open	User's Accuracy
Hardwood	59	1	8	0	11	0.75
Softwood	6	9	7	0	0	0.41
Mixed	17	4	31	0	0	0.60
Water	0	0	0	20	0	1.00
Open	0	2	1	1	8	0.67
Producer's Accuracy	0.72	0.56	0.66	0.95	0.42	
	Overall Accuracy:		0.69			

Rys. 17: Monitorowanie lasów z wykorzystaniem danych IRS WiFS

Czułość roślinności w zakresie widzialnej i podczerwieni jest wykorzystywana do wyznaczenia wskaźnika normalizacji różnicy ciśnień (NDVI) jako NIR - G /NIR + G, gdzie NIR i G są promieniowaniem w pasmach bliskiej podczerwieni i zieleni. Wskaźnik ten jest bardzo wrażliwy na opady deszczu i odzwierciedla anomalię w zakresie opadów deszczu i reakcji roślinności. Długoterminowa baza danych z około 20 lat dostępna w kraju.

Strefa przybrzeżna jest bardzo wrażliwa na zmiany poziomu morza i częstotliwości cyklonów i w pewnym okresie czasu doświadcza zmian w linii brzegowej i ukształtowaniu terenu. Strefa przybrzeżna jest zatem dobrym wskaźnikiem zmian klimatycznych, a dane satelitarne IRS zostały wykorzystane do mapowania zmian linii brzegowej w skali rocznej i dekadalnej w celu badania wpływu zmian poziomu morza.

Dane satelitarne z wielu dat mogą dostarczyć informacji o -

- Mapowanie i monitorowanie raf koralowych, namorzynów, przybrzeżnych terenów podmokłych
- Podstawowa wydajność
- Monitorowanie linii brzegowych

Rys. 18 : Monitorowanie środowiska przybrzeżnego poprzez satelity

Dzięki wykorzystaniu danych satelitarnych możliwe jest obecnie zidentyfikowanie "hotspotów", w których zachodzą duże zmiany w linii brzegowej.

Innym potencjalnym zastosowaniem danych satelitarnych jest inwentaryzacja, monitorowanie i wycofywanie himalajskich lodowców z wykorzystaniem danych satelitarnych. Inwentaryzacja lodowcowa została przeprowadzona dla regionów lodowcowych basenów Indus, Ganga i Brahmaputra, pokrytych w skali 1:50 000. Specyficzne pomiary mapowanych cech lodowca są wykorzystywane jako dane wejściowe do generowania danych inwentaryzacyjnych lodowca. Badania bilansu masy lodowca podjęto dla 10 wybranych średnich zlewni rozsianych w regionie Himalajów Indyjskich (rzeki Indus, Ganga i Brahmaputra). Sceny IRS LISS III są wykorzystywane do ustalania granic lodowców przy użyciu danych o wyższej rozdzielczości. Granice lodowca są nakładane na wszystkie sceny AWiFS kolejno. Mapowanie odosobnienia lodowca wykonano dla 14 wybranych basenów rozsianych w indyjskim regionie Himalajów. Polega to na stworzeniu bazy danych o zasięgu przestrzennym wszystkich lodowców i nałożeniu granic; sprawdzeniu granic w strefie akumulacji w oparciu o cień grzbietów i drenaży; identyfikacji odosobnienia lodowca i oszacowaniu obszaru lodowca ewakuowanego oraz weryfikacji w terenie położenia pyska za pomocą obserwacji GPS. Monitorowanie pokrywy śnieżnej regionu Himalajów indyjskich obejmującego dorzecza rzek Indus, Ganga i Brahmaputra zostało przeprowadzone z wykorzystaniem danych AWiFS z Resourcesat-1 oraz przygotowano atlasy pokrywy śnieżnej. Dokładne monitorowanie ma zasadnicze znaczenie dla oceny zmniejszenia pokrywy śnieżnej i cofania się linii śnieżnych w związku ze zmianami klimatu.

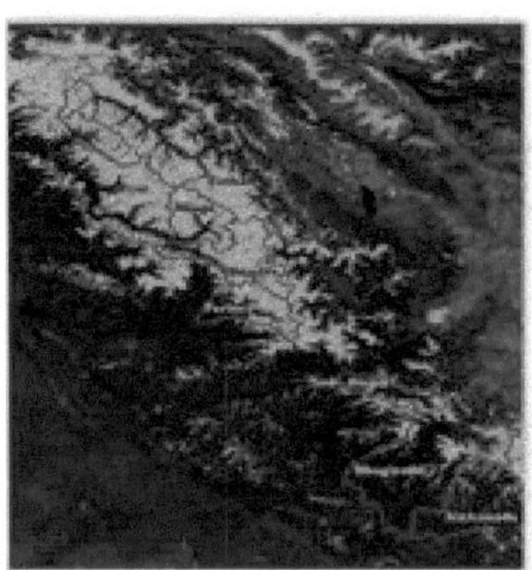

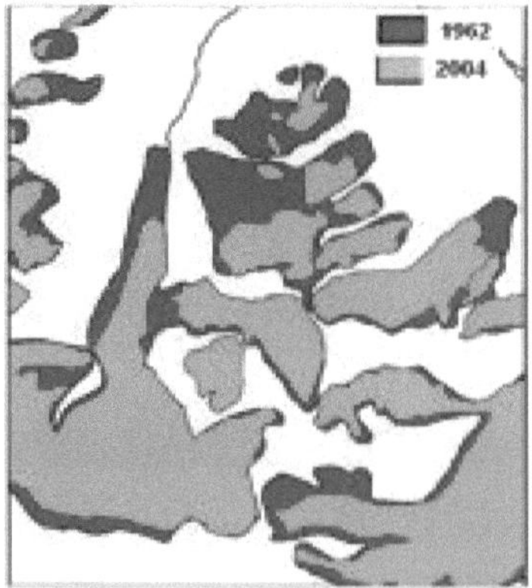

Rys. 19: Inwentaryzacja lodowcowa basenów Ganga & Brahmaputra 1962-2004 z wykorzystaniem danych IRS WiFS (wykryto 33 podbasenów monitorowanych i stratę w wysokości 16%).

Oceany i atmosfera magazynują i wymieniają energię w postaci ciepła, wilgoci i pędu. Oceany są oczywiście największym na Ziemi zbiornikiem wilgoci. Absorbują one również ciepło skuteczniej niż powierzchnia ziemi i lodu, a także magazynują ciepło efektywniej niż ziemia. Ciepło oceaniczne uwalnia się wolniej niż na lądzie, utrzymując obszary przybrzeżne bardziej umiarkowane.

Rys. 20: Badanie cyklonu tropikalnego z wykorzystaniem danych INSAT

Ponadto dane meteorologiczne wraz z satelitami są cenne w monitorowaniu i prognozowaniu cyklonów. Obrazy INSAT/VHRR są wykorzystywane do identyfikacji systemów chmur nad oceanami, gdzie nie są dostępne dane obserwacyjne, jak również do śledzenia cyklonu, oceny intensywności i przewidywania gwałtownych wzrostów sztormowych itp. Obecne badania na całym świecie koncentrują się na wykorzystaniu modeli mezoskalowych z danymi satelitarnymi w celu poprawy intensywności cyklonu i przewidywania toru.

Zmiany w bilansie energetycznym między oceanami i atmosferą odgrywają ważną rolę w zmianach klimatycznych planety. Oceany mają ogromną bezwładność termiczną i dynamiczną, która może spowolnić i zahamować tempo zmian klimatycznych. Górne dziesięć stóp (~3 m) oceanu utrzymuje tyle samo ciepła, co cała atmosfera. Umiarkowany efekt temperatury oceanu zmniejsza dzienny i roczny zakres temperatur na wybrzeżu i powoduje opóźnienie globalnych temperatur letnich i zimowych o kilka tygodni w stosunku do rocznego śladu słońca. Temperatury oceanów odgrywają bardzo ważną rolę w indyjskim monsunie i produktywności oceanu pod względem potencjału rybołówstwa i produkcji chlorofilu.

Dane satelitarne z satelitów geostacjonarnych NOAA i INSAT są wykorzystywane do przygotowania cotygodniowych map temperatury powierzchni morza (SST). Osiągnięta dokładność mieści się w zakresie ± 0,5 0C.

Mapy te stanowią podstawowe dane do analizy warunków El Nino/La Nina na Oceanie Spokojnym oraz warunków cyklogenezy na oceanach indyjskich. Długie i krótkie sezonowe wahania SST są regularnie monitorowane. Oceany magazynują i transportują nie tylko ciepło, ale także dwutlenek węgla (CO2), który jest potencjalnym źródłem globalnego ocieplenia. Około połowa całkowitej ilości CO2 dodanego do atmosfery w ciągu ostatniego stulecia w wyniku działalności człowieka - głównie w wyniku stosowania paliw kopalnych i wylesiania - została wchłonięta przez ocean.

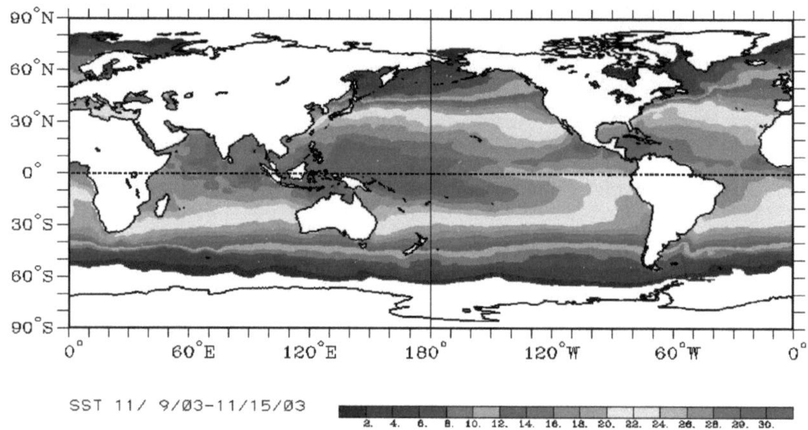

Rys. 21 : Globalna temperatura powierzchni morza z wykorzystaniem danych NOAAA.

Większość CO2 emitowanego do atmosfery zostanie ostatecznie wchłonięta przez ocean. Jednak proces ten potrwa od kilkudziesięciu lat do stuleci. Fitoplankton magazynuje również dwutlenek węgla z górnych warstw oceanu. Wiele gatunków wyłapało CO2 w skorupach węglanowych, które ostatecznie opadają na dno oceanu lub długoterminowo usuwają go z obiegu węgla. Ocean Colour Monitor na pokładzie Oceansat 2 posiada 8 wąskich kanałów w zielonym i niebieskim obszarze widma widzialnego. Dzięki temu jest bardzo wrażliwy na barwę oceanu z powodu fitoplanktonu i sedymentacji. Podobnie satelita MODIS posiada wiele kanałów wrażliwych na wydajność oceanu.

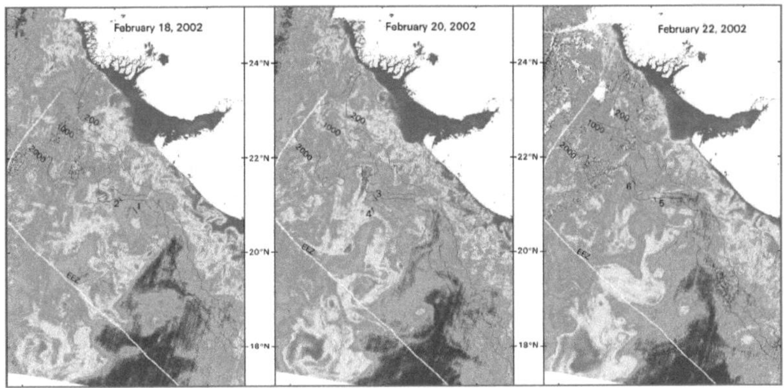

Rys. 22: Przestrzenna i sezonowa (monsunowa) zmienność chlorofilu-a koncentracja w indyjskich oceanach.

Tropikalna misja monitorowania opadów deszczu (TRMM) posiada wbudowany radar do monitorowania opadów deszczu na całym świecie. Ten satelita dał wgląd w procesy opadowe i po raz pierwszy dał obserwacje nad oceanami.

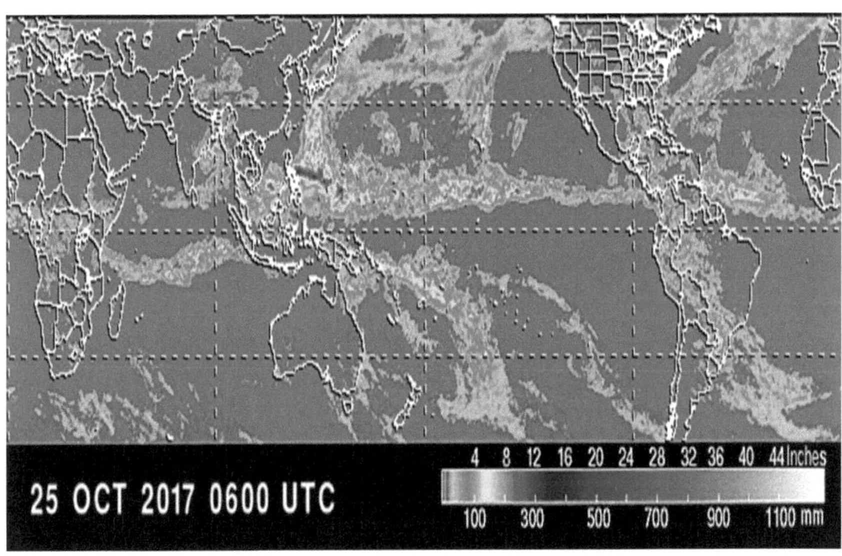

Rys. 23: Opady deszczu oparte na TRMM nad globalnymi oceanami.

Satelita INSAT w 1982 roku zapowiadał erę obserwacji przestrzeni kosmicznej i dał pierwsze spojrzenie na dynamiczne systemy chmur nad Indiami. Od czasu wprowadzenia na orbitę INSAT 1A w 1982 r. działa seria satelitów, a IMD opracowała długoterminową serię pokryć chmur, OLR, opadów deszczu itp. Produkty INSAT będą stanowić ważny zbiór danych w analizie zmian klimatycznych na poziomie lokalnym i regionalnym. Obecnie satelita INSAT prowadzi obserwacje globalne i regionalne. Posiada bardzo wysoką rozdzielczość radiometru (VHRR), który pracował w dwóch pasmach spektralnych - widzialnym [0,55-0,75 ìm] i termicznej podczerwieni [10,5-12,5 ìm]. Satelita INSAT daje co godzinę obraz pogody kraju pokazujący systemy chmur, ich ruch i potencjalne poważne zdarzenia pogodowe. Produkty ilościowe dostępne z danych INSAT podają produkty numeryczne, takie jak wektory ruchu w chmurze (CMVs), ilościowe szacunki opadów (QPEs), promieniowanie długofalowe wyjściowe (OLR), profile temperatury pionowej (VTPRs) i SST.

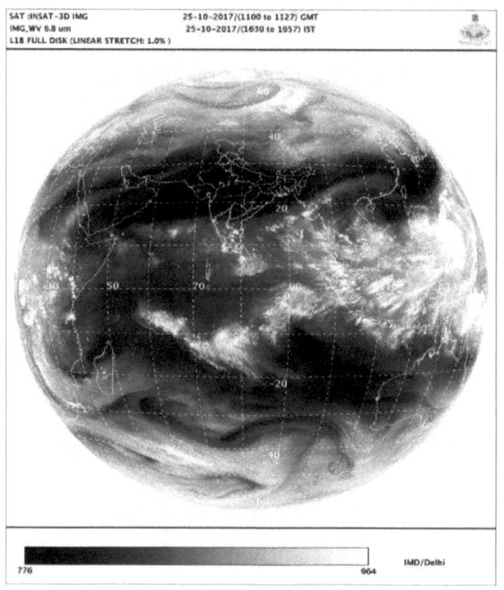

Rys. 24: Obraz pary wodnej INSAT.

Dane z satelitów GPS są wykorzystywane do określania warunków atmosferycznych, w oparciu o zasadę, że opóźnienie czasowe nadejścia sygnałów z satelity GPS jest bezpośrednio związane z wilgotnością i profilem temperaturowym atmosfery. Nowy wskaźnik stabilności oparty na refrakcji atmosferycznej na poziomie ~500hPa i pomiarach powierzchniowych temperatury, ciśnienia i wilgotności. Nowy indeks o nazwie Refractivity based Lifted Index (RLI) został zaprojektowany w celu uzyskania podobnych wyników jak tradycyjnie stosowany indeks podniesiony, uzyskany na podstawie profili radiosondu w zakresie temperatury, ciśnienia i wilgotności.

Omówiono sformułowanie wskaźnika stabilności i jego porównanie z tradycyjnym wskaźnikiem nośności opartym na profilu temperaturowym (LI). Indeks jest testowany na profilach refraktometrycznych pochodzących z okultyzji radiowej COSMIC w regionie Indii. Prognozowany potencjał nowego wskaźnika opadów deszczu w skali przestrzennej 2°×2° szerokości geograficznej i długości geograficznej z czasem realizacji wynoszącym 3-24 godziny wskazuje, że współczynnik załamania światła działa lepiej niż tradycyjny współczynnik załamania światła dla monsunu w Indiach. Zmniejszające się wartości RLI mają tendencję do zwiększania prawdopodobieństwa wystąpienia opadów deszczu.

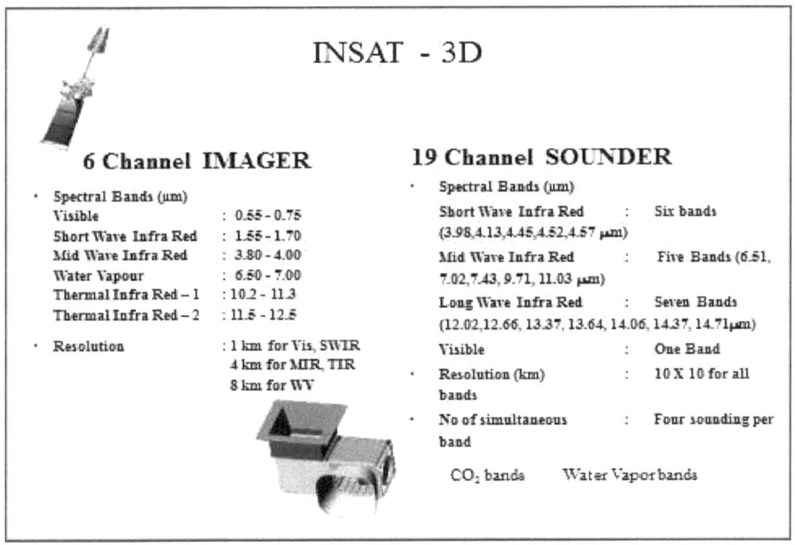

Rys. 25: INSAT 3D Advanced Sensors (zaawansowane czujniki INSAT 3D)

14. Wnioski

Pogoda i klimat odgrywają kluczową rolę w działaniach człowieka. Ostatnie tendencje w zakresie zmian klimatu mają krótko- i długoterminowe skutki i należy je badać z wykorzystaniem krótko- i długoterminowych serii wysokiej jakości standardowych zestawów danych w celu dokonania jasnej oceny naukowej i zrozumienia. Nowe narzędzie obserwacji satelitarnych i monitorowania parametrów krytycznych dostarcza cennych informacji na temat procesów związanych ze zmianami klimatu. Zaawansowane czujniki na platformie satelitarnej pomagają również w ciągłym monitorowaniu zmian klimatycznych i pomagają w opracowywaniu odpowiednich strategii łagodzących.

Podziękowania

Dziękujemy wielu kolegom z Indyjskiej Organizacji Badań Kosmicznych (ISRO) za cenny wkład w przygotowanie Kapituły. Dane i literatura dostępne w portalu internetowym ISRO i innych portalach kosmicznych, w szczególności NASA, cieszą się dużym uznaniem.

Odniesienia

1. Alexander GR, Keshavamurty N, De US, Chellappa R, Das SK, Pillai PV. 1978. Wahania aktywności monsunowej. Indyjski J. Meteor. Geofizy. 29:76-87
2. Anderson DLT, Sarachik ES, Webster PJ, Rothstein LM, red. 1998. Specjalne wydanie na temat dekady TOGA. J. Geofizy. Res. 103 (nr C7):14169-240
3. Annamalai H, Slingo JM. 2001. Cykle aktywności/łamania: diagnoza zmienności wewnątrzsezonowej azjatyckiego monsunu letniego. Clim. Dynamika. 18:85–102
4. Anthes RA. 1977. Schemat parametryzacji cumulus wykorzystujący jednowymiarowy model chmury. Mon. Pogoda Rev. 105:270-86
5. Bhat GS, Srinivasan J, Sulochana G. 1996. Tropikalna konwekcja głęboka, konwekcyjna dostępna energia potencjalna i temperatura powierzchni morza. J. Meteorol. Soc. Jpn. 74(Nr 2): 155-66
6. Bjerknes J. 1969. Atmosferyczne telekontakty z równikowego Pacyfiku. Mon. Pogoda Rev. 97:163-72 Blanford HF. 1886. Opady deszczu w Indiach. Mem. India Meteorol. Dep. 2:217-448
7. Gadgil S. 1988. Ostatnie postępy w badaniach monsunowych, ze szczególnym uwzględnieniem monsunu indyjskiego. Aust. Meteorol. Mag. 36:193- 204
8. Gadgil S. 2000. Monsoon-ocean coupling. Curr. 78:309-23 Gadgil S, Abrol YP, Rao PRS. 1999. O wzroście i wahaniach indyjskiej produkcji zboża spożywczego. Curr. Sci. 76(No. 4):548-56
9. Gadgil S, Guruprasad A, Srinivasan J. 1992. Systematyczny błąd w zestawie danych dotyczących promieniowania długofalowego wychodzącego NOAAA? J. Clim. 5:867–75
10. Gadgil S, Srinivasan J. 1990. Niska zmienność częstotliwości tropikalnych stref konwergencji. Meteorol. Atmos. Fizyczne. 44:119-32
11. Gadgil S, Surendran S. 1998. Monsunowe opady atmosferyczne w AMIP. Clim. Dynamika. 14: 659–89
12. Gadgil S, Srinivasan J, Nanjundiah RS, Kumar KK, Munot AA. Rupakumar AA. 2002. O prognozowaniu indyjskiego monsunu letniego: intrygująca pora roku 2002. Curr. Sci. 83(No. 4):394-403
13. Madden RA, Julian PR. 1972. Opis komórek krążenia w tropikach w skali globalnej z okresem 40-50 dni. J. Atmos. Sci. 29:1109-23

14. Carlin, Alan, "A Multi-disciplinary, Science-Based Approach to the Economics of Climate Change", International Journal of Environmental Research and Public Health, Vol. 8, No. 4, April 2011, s. 985-1031.
15. Chen, Liqi, "Rola Arktyki i Antarktyki oraz ich wpływ na globalne zmiany klimatyczne: Further Findings Since the Release of IPCC AR4, 2007," Advances in Polar Science, (2013) Vol. 24, No. 2, pp. 79-85.
16. Chunhan, Jin, Liu, Jian i Wang Zhiyuan., "Study on the characteristics and causes of inter-decadal temperature changes in China during the MWP", Quaternary Sciences, Volume 36, Issue 4, April 2016, pp. 970-982. http:// html. rhhz.net/ DSJYJ /20160418.htm.
17. Christidis, N., P.A. Stott i S. Brown, 2011: Rola działalności człowieka w niedawnym ociepleniu ekstremalnie ciepłych temperatur w ciągu dnia. *Journal Climate* doi:10.1175/2011JCLI4150.1 http://journals.ametsoc.org/doi/abs/10.1175/2011JCLI4150.1
18. Knutson, T., J. McBride, J. Chan, K. Emanuel, G. Holland, C. Landsea, I. Held, J. Kossin, A. Srivastava i M. Sugi, 2010: Tropikalne cyklony i zmiany klimatyczne. *Nature Geosci* 2010 http://dx.doi.org /10.1038/ ngeo779
19. Trenberth, K.E., 2011: Zmiany opadów atmosferycznych wraz ze zmianami klimatycznymi. *Climate Research.* doi:10.3354/cr00953.
20. IPCC AR4 WG1 *(2007). Salomon, S.; Qin, D.; Manning, M.; Chen, Z.; Marquis, M.; Averyt, K.B.; Tignor, M.; Miller, H.L.,eds.* Zmiany klimatyczne 2007 r: Podstawy fizyki. *Wkład grupy roboczej I do* czwartego sprawozdania oceniającego *Międzyrządowego Zespołu ds. Cambridge University Press.* WYNOSI 978-0-521-88009-1. (pb: 978-0-521-70596-7).
21. IPCC AR4 SYR *(2007). Core Writing Team; Pachauri, R.K; Reisinger, A., eds.* Zmiany klimatyczne 2007 r: Sprawozdanie podsumowujące. *Wkład grup roboczych I, II i III do* czwartego sprawozdania oceniającego *Międzyrządowego Zespołu ds. IPCC.* 92-9169-122-4.
22. H.D.I. Abarbanel, R. Brown, J.J. Sidorowich, *et al.* Analiza zaobserwowanych danych chaotycznych w systemach fizycznych Rev. Mod. Fizycznie, 4 (65) (1993), str. 1331.
23. Hansen, J. & Lebedeff, S. Globalne trendy w mierzonej temperaturze powietrza na powierzchni. J. Geofizy. Res. 92, 345-313 (1987).
24. Pielke, R. A. et al. Nierozwiązane problemy z oceną wieloekadalnych globalnych trendów temperatury powierzchni ziemi. J. Geofizy. Res. 112, D24S08 (2007).

25. Reynolds, R. W., Rayner, N. A., Smith, T. M., Stokes, D. C. & Wang, W. Ulepszona analiza in situand satelitarna SST dla klimatu. J. Clim. 15, 1609–1625 (2002).
26. Large, W. G. & Yeager, S. G. On the observed trends and changes in global sea surface temperature and air-sea heat fluxes (1984-2006). J. Clim. 25, 6123–6135 (2012).
27. Zhang, H. et al. Zintegrowany globalny system obserwacji temperatury powierzchni morza z wykorzystaniem satelitów i danych in situ: Badania do operacji. Byk. Jestem. Meteorol. Soc. 90, 31-38(2009).
28. Deser, C., Phillips, A. S. & Alexander, M. A. Twentieth century tropikalne trendy temperatury powierzchni morza powróciły. Geofizy. Res. Lett 37, L10701 (2010).
29. Karnauskas, K. B., Seager, R., Kaplan, A., Kushnir, Y. & Cane, M. A. Obserwowano wzmocnienie gradientu strefowej temperatury powierzchni morza w poprzek Równikowego Oceanu Spokojnego. J. Clim. 22, 4316–4321 (2010).
30. Schwaller, M. R. & Robert Morris, K. Sieć walidacji gruntów dla globalnej misji pomiaru opadów atmosferycznych. J. Atmos. Ocean. Technika. 28, 301–319 (2011).
31. Manabe, S. & Wetherald, R. T. Thermal equilibrium of the atmosphere with a given distribution of relative humidity. J. Atmos. Sci. 24, 241-259 (1967).
32. Spencer, R. W. & Christy, J. R. Precyzyjne monitorowanie globalnych trendów temperatury z satelitów. Nauka 247, 1558-1562 (1990).
33. Thorne, P.W., Lanzante, J.R., Peterson, T.C., Seidel, D.J. & Shine, K.P. Tropospheric temperature trends: Historia ciągłych kontrowersji. WIREs Clim. Zmiana 2, 66-88(2011).
34. Mears, C.A. & Wentz, F.J. Budowa systemów teledetekcji V3. 2 zapisy temperatury atmosferycznej z sondy mikrofalowej MSU i AMSU. J. Atmos. Ocean. Technika. 26, 1040–1056 (2009).
35. Xu, J. & Powell, A. Jr Niepewność co do trendów temperatury stratosferycznej/troposferycznej w latach 1979-2008: Wielokrotne zestawy danych satelitarnych MSU, radiosondy i reanalizy. Atmos. Chem. Fizyka. Dyskusja. 11, 10727–10732 (2011).
36. Christy, J. R., Spencer, R. W. & Norris, W. B. Rola teledetekcji w monitorowaniu globalnych temperatur troposferycznych. Int. J. Czujnik zdalny 32, 671-685 (2011).
37. Fu, Q., Manabe, S. & Johanson, C. M. On the warming in the tropical upper troposphere: Modele kontra obserwacje. Geofizy. Res. Lett. 38, L15704 (2011).

38.Frei, A. Nowa generacja satelitarnych obserwacji śniegu do badań systemu naziemnego na dużą skalę. Geog. Kompas 3, 879-902 (2009).
39.Brown, R. D. & Robinson, D. A. Northern Hemisphere spring snow cover variability and change over 1922-2010 including an assessment of uncertainty. Kriosfera. 5, 219–229(2011).
40.Bulygina, O., Groisman, P. Y., Razuvaev, V. & Korshunova, N. Zmiany w charakterystyce pokrywy śnieżnej w północnej Eurazji od 1966 roku. Środowisko. Res. Lett. 6, 045204 (2011).
41.Parkinson, C. & Cavalieri, D. Antarktyczna zmienność lodu morskiego i trendy. Cryosphere Discuss.6, 931-956 (2012).
42.Liu, J. & Curry, J.A. Przyspieszone ocieplenie Oceanu Południowego i jego wpływ na cykl hydrologiczny i lód morski. Proc. Natl Acad. Sci. USA 107, 14987 (2010).
43.Cavalieri, D. & Parkinson, C. Arctic sea ice variability and trends, 1979-2010 Cryosphere.6, 881-889 (2012).
44.Kattsov, V. M. et al. Arctic sea ice change: Wielkie wyzwanie nauki o klimacie. J. Glaciol.56, 1115-1121 (2011).
45.Maslanik, J., Stroeve, J., Fowler, C. & Emery, W. Distribution and trends in Arctic sea ice age through spring 2011. Geofizy. Res. Lett. 38, L13502 (2011).
46.Horwath, M., Legres, B., Remy, F., Blarel, F. & Lemoine, J.-M. Spójne wzorce lodowca Antarktyki różnią się co roku w zależności od wysokościomierzy radarowej ENVISAT i grawimetrii satelitarnej GRACE. Geofizy. J. Int. 189, 863-876 (2012).
47.Shepherd, A. et al. A reconciled estimate of ice-sheet mass balance. Nauka 338, 1183-1189 (2012).
48.Rignot, E. et al. Przyspieszone wydalanie lodu z Półwyspu Antarktycznego po zawaleniu się półki lodowej Larsen B. Geofizy. Res. Lett. 31, L18401 (2004).
49.Joughin, I., Alley, R. B. & Holland, D. M. Ice-sheet response to oceanic forcing. Science338, 1172-1176 (2012).
50.Scherler, D., Bookhagen, B. & Strecker, M. R. Przestrzennie zmienna reakcja himalajskich lodowców na zmiany klimatu dotknięte pokrywą gruzową. Nature Geosci. 4, 156–159 (2011).
51.Jacob, T., Wahr, J., Pfeffer, W. T. & Swenson, S. Ostatni wkład lodowców i pokrywy lodowej w podnoszenie się poziomu morza. Natura 482, 514-518 (2012).
52.Gardelle, J., Berthier, E. & Arnaud, Y. Lekki przyrost masy lodowców Karakoram na początku XXI wieku. Nature Geosci. 5, 322–325 (2012).

53. Yao, T. et al. Różny stan lodowca z cyrkulacją atmosferyczną na Płaskowyżu Tybetańskim i w jego otoczeniu. Nature Clim. Zmiana 2, 663-667 (2012).
54. Cazenave, A. & Remy, F. Poziom morza i klimat: Pomiary i przyczyny zmian. WIREs Clim. Zmiana 2, 647-662 (2011).
55. Church, J.A. & White, N.J. Sea level rise from the late 19th to the early 21st century. Przetrwanie. Geofizy. 32, 585–602 (2011).
56. Leuliette, E. W. & Willis, J. K. Bilansowanie budżetu na poziomie morza. Oceanografia 24, 122-129(2011).
57. Fu, L. L. L., Chelton, D. B., Le Traon, P. Y. & Morrow, R. Eddy dynamics from satellite altimetry. Oceanografia 23, 14-25 (2010).
58. Willis, J.K., Chambers, D.P., Kuo, C.Y. & Shum, C.K. Global sea level rise: Ostatnie postępy i wyzwania na najbliższe dziesięciolecie. Oceanografia 23, 26-35 (2010).
59. Prandi, P., Ablain, M., Cazenave, A. & Picot, N. Nowe oszacowanie średniego poziomu morza w arktycznym oceanie z altimetrii satelitarnej. Mar. Geod. 35, 61–81 (2012).
60. Hansen, J. et al. Symulacje klimatyczne dla lat 1880-2003 z modelem GISS. Clim. Dynam. 29, 661–696 (2007).
61. Scafetta, N. & West, B.J. Fenomenologiczny wkład energii słonecznej w globalne ocieplenie powierzchni w latach 1900-2000. Geofizy. Res. Lett. 33, L05708 (2006).
62. Benestad, R. & Schmidt, G. Solar trends and global warming. J. Geofizy. Res. 114, D14101 (2009).
63. Harder, J. W., Fontenla, J. M., Pilewskie, P., Richard, E. C. & Woods, T. N. Trendy w zmienności widma słonecznego w zakresie promieniowania widzialnego i podczerwonego. Geofizy. Res. Lett. 36, L07801(2009).
64. Haigh, J. D., Winning, A. R., Toumi, R. & Harder, J. W. Wpływ zmian widma słonecznego na promieniste wymuszanie klimatu. Natura 467, 696-699 (2010).
65. Ineson, S. et al. Solar forcing of winter climate variability in the Northern Hemisphere. Nature Geosci. 4, 753–757 (2011).
66. Lean, J. L. & DeLand, M. T. Jak się ma widmo Słońca? J. Clim. 25, 2555–2560(2012).
67. Matthes, K. Atmospheric science: Cykl słoneczny i prognozy klimatyczne. Nature Geosci. 4, 735–736 (2011).
68. X.-P. Du, H.-D. Guo, X.-T. Fan, *et al.* Vertical accuracy assessment of free available digital elevation models over lowlying coastal plains Int. J. Cyfrowa Ziemia (2015 r.), 10.1080/17538947.2015.1026853

69. FAO (Organizacja ds. Wyżywienia i Rolnictwa), Global Forest Resources Assessment 2010: Raport główny. Dokument FAO ds. leśnictwa 163(2011)
70. J. Feng, J. Wang, Z. YanImpact of anthropogenic heat release on regional climate in three vast urban aglomerations in China Adv. Atmos. Sci., 2 (31) (2014), s. 363-373.
71. L. Guan, L.-Y. Liu, D.-L. Peng, *et al.* Monitorowanie rozmieszczenia traw C3 i C4 na umiarkowanych użytkach zielonych w północnych Chinach przy użyciu spektroradiometru obrazowego o umiarkowanej rozdzielczości, znormalizowanych różnicowych trajektorii indeksu roślinności.
J. Appl. Remote Sens., 6 (1) (2012), s. 06353535, 10.1117/1.JRS.6.063535.
72. H. Guo, L. Wang, F. Chen, *et al.* Wielkie naukowe dane i cyfrowa Ziemia Chin. Sci. Bull., 59 (35) (2014), s. 5066-5073.
73. H. Guo, W. Fu, X. Li, *et al.* Research on global change scientific satellites, Sci. China Earth Sci., 2 (57) (2014), s. 204-215.
74. Y. On, G. Jia Dynamiczna metoda kwantyfikacji naturalnego ocieplenia w obszarach miejskich, Atmos. Ocean. Sci. Lett., 5 (5) (2012), s. 408-413.
75. Y. On, G. Jia, Y. Hu, *et al.* Wykrywanie sygnałów ocieplenia miejskiego w zapisach klimatycznych, Adv. Atmos. Sci., 4 (30) (2013), s. 1143-1153.
76. IPCC, Climate Change 2007: Sprawozdanie podsumowujące. Genewa, Szwajcaria, (2007) C. Brown, L. Connor, J. Lillibridge, *et al.* Wprowadzenie do czujników satelitarnych, obserwacji i technik teledetekcji. Digital Image Process, 7 (2005), str. 21-50.
77. Satelitarna obserwacja satelitarna systemu klimatycznego: odpowiedź Komitetu ds. Satelitów Obserwacyjnych Ziemi (CEOS) na Plan Wdrożeniowy Globalnego Systemu Obserwacji Klimatu (GCOS) 2006, wrzesień 2006 r.
78. CEOS (Komitet ds. Satelitów Obserwacyjnych Ziemi) Satelitarna obserwacja systemu klimatycznego: Odpowiedź CEOS na plan wdrożenia globalnego systemu obserwacji klimatu (GCOS) 2006 (IP), wrzesień 2007 r.
79. Jun Yang, Peng Gong, Rong Fu, Minghua Zhang, Jingming Chen, Shunlin Liang, Bing Xu, Jiancheng Shi & Robert Dickinson, **The** role of satellite remote sensing in climate change studies, *Nature Climate Change, 3, 875-883*(2013) doi:10.1038/nclimate1908
80. X.-P. Du, H.-D. Guo, X.-T. Fan, *et al.* Vertical accuracy assessment of free available digital elevation models over lowlying coastal plains Int. J. Cyfrowa Ziemia (2015 r.), 10.1080/17538947.2015.1026853

81.FAO (Organizacja ds. Wyżywienia i Rolnictwa), Global Forest Resources Assessment 2010: Raport główny. Dokument FAO ds. leśnictwa 163(2011)
82.J. Feng, J. Wang, Z. YanImpact of anthropogenic heat release on regional climate in three vast urban aglomerations in China Adv. Atmos. Sci., 2 (31) (2014), s. 363-373.
83.L. Guan, L.-Y. Liu, D.-L. Peng, *et al.* Monitorowanie rozmieszczenia traw C3 i C4 na umiarkowanych użytkach zielonych w północnych Chinach przy użyciu spektrometru obrazowania radiometrycznego znormalizowanych różnicowych trajektorii indeksu roślinności.
84.Deveerappa Jagadheesha, Kamsali Nagaraja i Balakrishnan Manikiam, 2014, "Improved Technique for Retrieval of Temperature and Humidity from Neutral Atmospheric Refractivity Profiles", Mapana J. Sci., 13 (1), 75-83 ISSN 0975-3303|doi:10.12723/ mjs.28.5.
85.Joshi. P.C., Narayananan. M.S. i Manikiam. B, 2003, "Evolution of Indian satellite meteorological programme", Mausam, 54 (1), str. 1-12.
86.Manikiam. B i Sridharan. R, 1983, A statistical study of Bay of Bengal disturbances (196180) using satellite imagery, Mausam, 34, pp 219-222.
87.Manikiam. B, 2014, "Applications of IRS and INSAT Data with Specific Case Studies", Mapana J Sci, 13, 1 ISSN 0975-3303 98. J
88.H. Guo, L. Wang, F. Chen, *et al.* Scientific big data and digital Earth Chin. Sci. Bull., 59 (35) (2014), s. 5066-5073.
89.H. Guo, W. Fu, X. Li, *et al.* Research on global change scientific satellites, Sci. China Earth Sci., 2 (57) (2014), s. 204-215.
90.Y. On, G. Jia Dynamiczna metoda kwantyfikacji naturalnego ocieplenia w obszarach miejskich, Atmos. Ocean. Sci. Lett., 5 (5) (2012), s. 408-413.
91.Y. On, G. Jia, Y. Hu, *et al.* Wykrywanie sygnałów ocieplenia miejskiego w zapisach klimatycznych, Adv. Atmos. Sci., 4 (30) (2013), s. 1143-1153.
92.IPCC, Climate Change 2007: Sprawozdanie podsumowujące. Genewa, Szwajcaria, (2007)
93.Y. Li, J. Liao, H. Guo, *et al.* Patterns and potential drivers of dramatic changes in Tibetan Lakes, 1972-2010, PLoS One, 11 (9) (2014), s. e111890.
94.J. Liao, G. Shen, Y. Li Lake variations in response to climate change in the Tibetan Plateau in the past 40 years Int. J. Digit. Ziemia, 6 (6) (2013), s. 534-549.
95.L. Liu, L. Liu, L. Liang, *et al.* Wpływ wzniesienia na wiosenną wrażliwość fenologiczną na temperaturę na płaskowyżu Tybetańskim - Chin. Sci. Bull., 34 (59) (2014), s. 4856-4863.

96. NRC (National Research Council) Earth Observations from Space: the First 50 Years of Scientific Achievements The National Academies Press, Washington, D.C (2008)
97. D. Peng, B. Zhang, L. Liu, *et al.* Seasonal dynamic pattern analysis on global FPAR derived from AVHRR GIMMS NDVI Int. J. Digit. Ziemia, 5 (5) (2012), s. 439-455.
98. Modelowanie systemów złożonych L.M. Rocha: wykorzystanie metafor przyrodniczych w symulacyjnych i naukowych modelach BITS: Computer and Communications News. Wydział Informatyki, Informacji i Łączności, Laboratorium Narodowe Los Alamos (1999 r.)
99. W.-J. Tang, K. Yang, J. Qin, *et al.* Trend promieniowania słonecznego w Chinach w ostatnich dekadach: przegląd danych o kontrolowanej jakości Atmos. Chem. Phys., 1 (11) (2011) (2011), s. 393-406.
100. C. Wang, E.R. Hunt, L. Zhang, *et al.* Phenology-assisted classification of C3 and C4 grasses in the U.S. Great Plains and their climate dependency with MODIS time series Remote Sens. Environ., 138 (2013), s. 90-101.
101. C. Wang, H. Guo, L. Zhang, *et al.* Ocena zmian fenologicznych i kontroli klimatycznej łąk alpejskich na Płaskowyżu Tybetańskim z szeregiem czasowym MODIS Int. J. Biometeorol., 1 (59) (2015), s. 11-23.
102. J. Wang, J. Feng, Z. Yan, *et al.* Nested high resolution modeling of the impact of urbanization on regional climate in three vast urbanglomerations in China.
103. J. Geofizy. Res., 117 (2012), s. D21103.
104. X. Xia Spatiotemporal zmiany w czasie trwania promieniowania słonecznego i ilości chmur, jak również ich związek w Chinach w latach 1954-2005J. Geofizy. Res., 115 (2010), s. D00K06, 10.1029/2009JD012879.
105. X. XiaSignificant malejące zachmurzenie w latach 1954-2005 ze względu na wyraźniejsze dni bezchmurne i mniej dni pochmurne w Chinach oraz jego związek z aerozolem Ann. Geofizy, 3 (30) (2012), s. 573-582.
106. T. Yao, Y. Wang, S. Liu, *et al.* Niedawne odosobnienie lodowcowe w Chinach i jego wpływ na zasoby wodne w północno-zachodnich Chinach Sci. China Earth Sci., 12 (47) (2003), str. 1065-1075.
107. T. Yao, L. Thompson, W. Yang, *et al.* Różny stan lodowca z cyrkulacjami atmosferycznymi na Płaskowyżu Tybetańskim i w jego otoczeniu, Nat. Clim. Zmiana, 9 (2) (2012), s. 663-667.

108. B. Zhang, Y. Wu, L. Zhu, *et al.* Estimation and trend detection of water storage at Nam Co Lake, central Tibetan PlateauJ. Hydrol., 1-2 (405) (2011), s. 161-170.

109. L. Zhang, H. Guo, L. Ji, *et al.* Trend zieleni roślinności (2000-2009) oraz kontrola klimatu na Płaskowyżu Qinghai-Tybetańskim. Appl. Remote Sens., 1 (7) (2013), str. 73572

110. Pverpeck, J. T., Meehl, G. A., Bony, S. & Easterling, D. R. Wyzwania związane z danymi klimatycznymi w XXI wieku. *Nauka* 331, 700 (2011).

111. Yates, H. W. Pomiar bilansu promieniowania Ziemi jako problem projektowy instrumentu. *Appl. Opt.* 16, 297-299 (1977).

112. Li, J., Wang, M. H. & Ho, Y. S. Trendy w badaniach nad globalnymi zmianami klimatycznymi: Indeks cytatów naukowych Rozszerzona analiza oparta na analizie. *Glob. Planeta. Zmiana* 77, 13-20 (2011).

113. Bontemps, S. *et al.* Revisiting land cover observations to address the needs of the climate modelelling community. *Biogeosci. Dyskusja.* 8, 7713–7740 (2011).

114. Gong, P. *et al.* Finer resolution observation and monitoring of global land cover: first mapping results with Landsat TM and ETM+ data. *Int. J. Zdalny czujnik* 34, 2607-2654(2013).

115. Ghent, D., Kaduk, J., Remedios, J. & Balzter, H. Asymilacja danych do modeli powierzchni ziemi: Wpływ na reakcje klimatyczne. *Int. J. Czujnik zdalny* 32, 617-632 (2011).

116. Saha, S. *et al.* Ponowna analiza systemu prognoz klimatycznych NCEP. *Byk. Jestem. Meteorol. Soc.* 91, 1015-1057 (2010).

117. *Wymogi systemowej obserwacji satelitarnych produktów z danymi dotyczącymi klimatu w* ramach globalnego systemu obserwacji klimatu*: aktualizacja* GCOS-154 *z 2011 r.* (Światowa Organizacja Meteorologiczna, 2011 r.).

118. Joyce, K.E., Belliss, S.E., Samsonov, S.V., McNeill, S.J. & Glassey, P.J. A review of the status of satellite remote sensing and image processing techniques for mapping natural hazards and disasters. *Prog. Fizyka. Geog.* 33, 183–207 (2009).

119. Trenberth, K. & Hurrell, J. Jak dokładne są termometry satelitarne-Reply. *Natura* 389, 342-343 (1997).

120. Karl, T. R. *et al.* Obserwacja potrzeb w zakresie informacji o klimacie, przewidywania i stosowania: Możliwości istniejących i przyszłych systemów obserwacyjnych. *Procedia Environ. Kw.* 1, 192-205(2010).

121. Thies, B. & Bendix, J. Satellite oparte na teledetekcji pogody i klimatu: Ostatnie osiągnięcia i perspektywy na przyszłość. *Meteorol. Appl.* 18, 262-295 (2011).

122. Pachauri, R. K. & Reisinger, A. (eds) IPCC *Climate Change 2007: Sprawozdanie podsumowujące* (IPCC, 2007).

123. Quaas, J., Boucher, O., Bellouin, N. & Kinne, S. Satelitarne oszacowanie bezpośredniego i pośredniego wymuszania klimatu aerozolowego. *J. Geofizy. Res* 113, D05204 (2008).

124. Zhao, T. X. P., Loeb, N. G., Laszlo, I. & Zhou, M. Global component aerosol bezpośredni efekt promieniowania na szczycie atmosfery. *Int. J. Czujnik zdalny* 32, 633-655 (2011).

125. Cermak, J., Wild, M., Knutti, R., Mishchenko, M. I. & Heidinger, A. K. Spójność globalnych satelitarnych zestawów danych aerozolowych i chmur z ostatnimi obserwacjami rozjaśniającymi. *Geofizy. Res. Lett.* 37, L21704 (2010).

126. De Meij, A., Pozzer, A. & Lelieveld, J. Analiza trendów w głębokości optycznej aerozolu i szacunkowej emisji zanieczyszczeń w latach 2000-2009. *Atmos. Środowisko.* 51, 75–85 (2012).

127. Solomon, S. *et al.* Utrzymująca się zmienna warstwa stratosferyczna w tle i globalne zmiany klimatyczne. *Nauka* 333, 866-870 (2011).

128. Vernier, J. P. *et al.* Główny wpływ tropikalnych erupcji wulkanicznych na warstwę stratosferyczną aerozolu w ciągu ostatniej dekady. *Geofizy. Res. Lett.* 38, L12807 (2011).

129. Penner, J. E., Xu, L. & Wang, M. Satellite methods underestimate indirect climate forcing by aerosols. *Proc. Natl Acad. USA* 108, 13404-13408 (2011).

130. Quaas, J., Boucher, O., Bellouin, N. & Kinne, S. Który z szacunków satelitarnych lub modelowych jest bliższy rzeczywistości dla pośredniego wymuszania aerozolowego? *Proc. Natl Acad. Sci. USA* 108, E1099-E1099 (2011).

131. Choi, Y. S., Lindzen, R. S., Ho, C. H. & Kim, J. Kosmiczne obserwacje zmiany fazy zimnej chmury. *Proc. Natl Acad. Sci. USA* 107, 11211-11216 (2010).

132. Jiang, J.H. *et al.* Czyste i zanieczyszczone chmury: Relacje pomiędzy zanieczyszczeniami, chmurami lodu i opadami atmosferycznymi w Ameryce Południowej. *Geofizy. Res. Lett.* 35, L14804 (2008).

133. Allan, R. P. Łączenie danych satelitarnych i modeli w celu oszacowania efektu radiacyjnego chmur na powierzchni i w atmosferze. *Meteorol. Appl.* 18, 324-333 (2011).
134. Dessler, A.E. Określenie reakcji chmur na zmiany klimatu w ciągu ostatniej dekady. *Nauka* 330, 1523-1527 (2010).
135. Davies, R. & Molloy, M. Globalne wahania wysokości chmur mierzone przez MISR na Terra w latach 2000-2010. *Geofizy. Res. Lett.* 39, L03701 (2012).
136. Taylor, P.C. Rola chmur: Sprawozdanie wprowadzające i sprawozdawcze. *Przetrwanie. Geofizy.* 33, 609–617 (2012).
137. Schmidt, G.A., Ruedy, R.A., Miller, R.L. & Lacis, A.A. Przypisanie współczesnego całkowitego efektu cieplarnianego. *J. Geofizy. Rez.* 115, D20106 (2010).
138. Dessler, A. E. & Davis, S. M. Trendy w wilgotności troposferycznej z systemów reanalizy. *J. Geofizy. Rez.* 115 (2010).
139. Trenberth, K. E., Fasullo, J. & Smith, L. Trendy i zmienność w kolumnie zintegrowanej z atmosferyczną parą wodną. *Clim. Dynam.* 24, 741–758 (2005).
140. Gu, G. & Adler, R. F. Wielkoskalowe, roczne relacje pomiędzy temperaturą powierzchni, parą wodną i opadami atmosferycznymi z i bez ENSO i odkuwek wulkanicznych. *Int. J. Climatol.* 32, 1782–1791 (2012).
141. Shi, L. & Bates, J.J. Trzy dekady międzywiadomieniowego, wysokoczęstotliwościowego promieniowania podczerwonego o wysokiej rozdzielczości, z górną troposferyczną parą wodną. *J. Geofizy. Res. D Atmos.* 116 (2011).
142. Jin, X., Li, J., Schmit, T. J. & Goldberg, M. D. Ocena modeli transferu promieniowania w profilowaniu atmosferycznym z szerokopasmowymi pomiarami promieniowania podczerwonego. *Int. J. Czujnik zdalny* 32, 863-874 (2011).
143. Solomon, S. *et al.* Wpływ stratosferycznej pary wodnej na dekadalne zmiany tempa globalnego ocieplenia. *Nauka* 327, 1219 (2010).
144. Randel, W.J. Variability and trends in stratospheric temperature and water vapor. *Geofizy. Monog. Seria* 190, 123-135 (2010).
145. Fueglistaler, S. Stopniowe zmiany w stratosferycznej parze wodnej? *J. Geofizy. Res. D Atmos.* 117, D13302 (2012).
146. Wentz, F.J., Ricciardulli, L., Hilburn, K. & Mears, C. Ile więcej deszczu przyniesie globalne ocieplenie? *Nauka* 317, 233-235 (2007).

147. Liepert, B. G. & Previdi, M. Czy modele i obserwacje nie zgadzają się co do reakcji deszczu na globalne ocieplenie? *J. Clim.* 22, 3156–3166 (2009).
148. Liu, C. & Allan, R. P. Multi Satelita zaobserwował reakcje opadów atmosferycznych i ich ekstremów na międzyroczną zmienność klimatyczną. *J. Geofizy. Res.* 117, D03101 (2012).
149. Gruber, A. & Levizzani, V. *Assessment of Global Precipitation Products WCRP-128 50(*World Climate Research Programme, 2008).
150. Gebregiorgis, A. S. & Hossain, F. Zrozumienie zależności niepewności opadów satelitarnych od topografii i klimatu dla symulacji modelu hydrologicznego. *IEEE Trans. Geosci. Remote Sens.* 51, 704-718 (2013).
151. Wang, B., Liu, J., Kim, H. J., Webster, P. J. & Yim, S. Y. Niedawna zmiana globalnych opadów monsunowych (1979-2008). *Clim. Dynam.* 39, 1123–1135 (2012).
152. Trenberth, K. E., Moore, B., Karl, T. R. & Nobre, C. Monitorowanie i przewidywanie klimatu Ziemi: Perspektywa na przyszłość. *J. Clim.* 19, 5001–5008 (2006).
153. Henson, S.A. *et al.* Wykrywanie antropogenicznych zmian klimatycznych w zapisach satelitarnych chlorofilu oceanicznego i wydajności. *Biogeosciences* 7, 621-640 (2010).
154. Douglas, B.C. Global sea rise: Ponowne kiełkowanie. *Przetrwanie. Geofizy.* 18, 279–292 (1997).
155. Kahn, B. H. *et al.* Skalowanie temperatury i wariancji pary wodnej w modelach globalnych: Porównanie z danymi satelitarnymi i lotniczymi. *J. Atmos. Sci.* 68, 2156-2168 (2011).
156. Datla, R., Kessel, R., Smith, A., Kacker, R. & Pollock, D. Review Article: Analiza niepewności danych z czujników optycznych teledetekcyjnych: Zasady przewodnie służące osiągnięciu spójności metrologicznej. *Int. J. Czujnik zdalny* 31, 867-880 (2010).
157. Mears, C. A. & Wentz, F. J. Wpływ dziennej korekcji na otrzymywaną z satelity niższą temperaturę troposferyczną. *Nauka* 309, 1548 (2005).
158. Mei, L. *et al.* Walidacja i analiza odzyskiwania grubości optycznej aerozolu na lądzie. *Int. J. Remote Sens.* 33, 781-803 (2012).
159. Screen, J. Nagły wzrost zawartości lodu na Antarktydzie: Fakt czy artefakt? *Geofizy. Res. Lett.* 38, L13702 (2011).
160. Ohring, G., Wielicki, B., Spencer, R., Emery, B. & Datla, R. Kalibracja przyrządów satelitarnych do pomiaru globalnych zmian klimatycznych: Sprawozdanie z warsztatów. *Byk. Jestem. Meteorol. Soc.* 86, 1303-1313 (2005).

161. Li, Z. *et al.* Niepewność w teledetekcji satelitarnej aerozoli i wpływ na monitorowanie jej długoterminowego trendu: Przegląd i perspektywa. *Ann. Geofizy* 27, 2755-2770 (2009).

162. Crow, W. T. *et al.* Upscaling sparse ground-based soil moisture observations for the validation of coarse-resolution satellite soil moisture products. *Rev. Geophys.* 50, 1–20(2012).

163. Liu, Y., Liu, R. & C Hen, J. M. Retrospektywne pobieranie długoterminowych spójnych globalnych map powierzchni liści (1981-2010) z połączonych danych AVHRR i MODIS, J. *Geophys. Res.* 117, G04003 (2012).